GUIDE DU POILU

...mmand... CHARTON

...R NOS S...DAT...

Guide du Poilu

AVANT — PENDANT — APRÈS

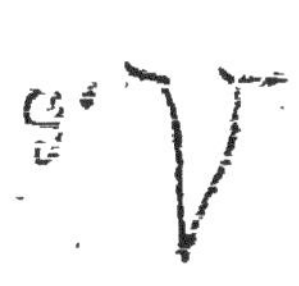

PARIS
Henri CHARLES-...AUZE...
Éditeur ...re
124, Boulevard ... Germain, ...
Mém... à Limoge...

Commandant CHARTON

POUR NOS SOLDATS

Guide du Poilu

AVANT — PENDANT — APRÈS

PARIS
Henri CHARLES-LAVAUZELLE
Éditeur militaire
124, Boulevard Saint-Germain, 124

Même Maison à Limoges

A MON FILS JEAN, DE LA CLASSE 18.

Au cours des premières heures de la guerre, heures plus d'une fois douloureuses, lors de la marche de repliement de Charleroi sur Vervins, Laon, Fismes et Montmirail, sur les champs de bataille déjà victorieux de Guise, de Vauchamps, de Gueux, d'Hermonville, etc..., j'ai pu juger de l'endurance et de la volonté du soldat français, comme j'ai admiré sa vaillance et son héroïsme qui nous ont valu la victoire inoubliable de la Marne.

Les longs mois de stationnement et la vie dans les tranchées démontrent leur stoïcisme et leur patience sans égale qui font l'admiration du monde entier.

Au moment où tu te prépares à suivre tes aînés pour collaborer de toutes tes forces, de tout ton cœur à la défense de la Patrie, je te dédie, mon cher Jean, ce modeste ouvrage que j'ai rédigé à l'intention de nos jeunes soldats et qui te servira de guide amical dans ta future carrière.

Il est simple et sans prétention. Il est bref. Je n'ai voulu y inclure que les renseignements indispensables, les conseils d'ensemble. L'heure n'est plus aux paroles, mais à l'action, et les jeunes plus que les autres ont hâte de passer de la théorie à la pratique.

Va, mon fils, allez, mes jeunes amis, que ce soit de tout votre cœur, de toute votre âme, et Vive la France !

15 janvier 1916.

Commandant CHARTON.

INTRODUCTION

La France entière est sous les armes. Tous les hommes valides ont pris place dans l'action, pour opposer leurs poitrines à l'envahisseur teuton. Plus de distinctions sociales, plus d'inégalités de fortune entre tous les Français. La France est unie par ses soldats.

Sauvé par eux dans les jours angoissants de septembre 1914, le pays a pu reprendre peu à peu sa vie économique normale. En ce commencement d'année 1916, la patrie est plus grande, plus forte que jamais.

Soldats héroïques, qui avez maintenant entre les mains toutes les armes nécessaires, patiemment, vous attendez l'ordre pour vous élancer dans un dernier élan, dans le suprême assaut, et culbuter l'adversaire que vous repousserez hors de nos frontières trop longtemps souillées !

L'heure de cette victoire est proche; pour vous, soldats, ouvriers de cette tâche sainte, ce sera l'heure de la gloire !

Il peut donc paraître présomptueux de vouloir vous donner des conseils, à vous, déjà anciens de la guerre, qui connaissez si bien les devoirs qui vous incombent et que vous accomplissez chaque jour. Mais ce n'est pas seulement à vous que nous nous adressons, et les jeunes gens qui ont hâte de servir à leur tour et dont l'impatience n'a d'égale que leur ardeur, trouveront ici les renseignements dont ils peuvent avoir besoin *avant*, *pendant* et *après* cette vie militaire, qui est actuellement la vie normale du plus grand nombre des Français.

Les jeunes de la classe 1917 viennent d'être appelés et déjà certains d'entre ceux qui les suivent dans l'échelle des âges songent aussi à partir.

C'est pourquoi il nous a paru utile de résumer, aussi succinctement que possible, dans ce petit opuscule qui pourra ainsi servir de guide, les indications pour ceux qui sont encore dans la période *avant*. Nous y donnons les conditions à remplir pour pouvoir contracter l'engagement volontaire ordinaire. Pour les jeunes gens de 17 ans et les hommes dégagés de toute obligation militaire, nous indiquons les conditions de l'engagement pour la durée de la guerre ou les moyens de s'engager dans des conditions spéciales, ou enfin d'aider dans la mesure de ses forces au salut de la Patrie.

Sous le titre « Pendant », nous avons réuni tout ce qui peut intéresser le soldat, à quelque arme qu'il appartienne, en réservant cependant pour chacune des armées sœurs quelques lignes particulières. Nous suivons ainsi le *soldat en herbe* dans le dépôt où il sera préparé à *la vie du front* par une instruction rapide, mais sérieuse, par une éducation morale et physique appropriée. Nous relatons comment il peut se préparer en vue d'atteindre les premiers grades et arriver même à l'épaulette. Nous l'amenons ensuite au front et lui donnons un aperçu de la vie aux armées, au cantonnement comme dans les tranchées. Puis nous esquissons son rôle dans la défensive et surtout dans l'offensive, en station et en mouvement, lui donnant quelques avis pour l'accomplissement des missions individuelles qui peuvent lui être confiées.

Sous le titre « Après », nous traitons de la situation qui sera faite à nos glorieux blessés pour leur faciliter l'existence, des pensions qui leur seront servies, ainsi qu'aux pauvres veuves de ceux qui sont morts au champ d'honneur; pour elles, c'est aussi *après*, hélas !

Ce petit livre s'adresse aussi bien aux fantassins qu'aux cavaliers, aux artilleurs qu'aux sapeurs, aux soldats du train qu'aux infirmiers à tous ceux qui participent, dans la forme où leurs chefs le leur demandent, à la défense de la Patrie. Il est conçu avec le seul but d'être utile à tous les soldats en leur facilitant des recherches ou des démarches. Il leur montrera en même temps la nouvelle vie qu'ils vivent en cette époque qui restera à jamais glorieuse dans l'histoire du monde.

Vous faciliter votre tâche, chers soldats, c'est vous permettre de réserver vos efforts pour la grande œuvre ! Les heures passent lentement, mais le soleil monte à l'horizon, soleil de gloire dans le ciel qui se découvre peu à peu, et dont le bleu grandit de jour en jour au travers des nuées. Le jour de l'éclatante lumière approche, ce jour où, dans l'auréole sanglante de la victoire, vous reviendrez, tristes à cause des camarades tombés, mais fiers de la tâche accomplie qui aura donné à la France une sécurité sans faiblesse, une sérénité sans remords.

Commandant Charton.

15 janvier 1916.

POUR NOS SOLDATS

GUIDE DU POILU

AVANT.

Quelques lignes rétrospectives.

Soldat de France, te rappelles-tu la semaine qui précéda ce jour où la patrie cria : « Aux armes ! » ? Tu n'as pas oublié ces heures d'incertitude passées au calme foyer de ta vie habituelle. Tout d'un coup, à tes oreilles, cet appel laconique : « *Le premier jour de la mobilisation est le dimanche 2 août* », qui, pour toi, signifiait : « la guerre est déclarée » !

Depuis quelques semaines, on suivait les événements extérieurs d'un cœur chaque seconde plus haletant. On dévorait les journaux. On aurait voulu être plus vieux, les heures ne marchaient pas assez vite.

Notre ennemi héréditaire ne nous laissait aucun doute sur ses intentions belliqueuses, et nous sentions, en cette dernière semaine de juillet, que l'agresseur qui se préparait depuis si longtemps allait bientôt se ruer sur nous.

Mais le danger n'a jamais fait peur aux Français, et l'incertitude faisait bientôt place à l'impatience. Et certains même n'eussent-ils pas été désillusionnés si les affaires s'étaient arrangées ! Aussi le 2 août n'a-t-il pas surpris ton attente fébrile des événements.

Ton livret militaire, que tu avais déjà consulté, t'indiquait le jour où tu te devrais tout entier à la France, et tu n'as pas hésité à quitter foyer, femme, enfants pour rejoindre ton poste de mobilisation.

L'engouement était général, et si des larmes coulèrent au moment de la séparation, elles étaient vite séchées par l'idée que l'heure de la revanche était arrivée. Il était grand temps de faire voir à ces Allemands que cette France qu'ils croyaient désunie et affaiblie était, au contraire, un foyer d'énergie, de courage et d'abnégation.

Tu es parti, et te voici revenu dans la caserne quittée depuis plusieurs années déjà. Tu l'as retrouvée pleine d'une activité fébrile, dégageant comme une odeur de poudre.

Tu ne fais bientôt plus qu'un avec les soldats de l'active que tu vois tous occupés à la préparation du départ. Encadré, équipé, tu évoques, dans cette dernière nuit passée dans la chambrée, le passé que tu laisses derrière toi, l'avenir que tu envisages glorieux. Un peu de tristesse peut-être se mêle à tes rêves, mais la résolution farouche de terrasser les brigands qui viennent ainsi troubler la patrie prime tout !

Le lendemain matin, toute la ville est sur pied. Par les rues, musique en tête, drapeau déployé, le régiment défile, allant s'embarquer à la gare. Les wagons s'emplissent, les portes claquent, le sifflet donne le signal du départ, le train s'ébranle. Sur les quais, des mouchoirs s'agitent, des larmes s'essuyent, des cris, des adieux sont jetés à haute voix, puis, dominant le bruit du train, la *Marseillaise* retentit et se perd dans l'espace en même temps que le train s'éloigne...

Soldat, tu partais vers la lutte, vers la fournaise, pour la gloire ou vers la mort. Mais ton cœur ne battait plus. Tu t'étais donné entier à la France !

Pourquoi te bats-tu, soldat de France ?

La nation entière s'est levée à l'appel aux armes. Avec une unanimité admirable, elle a fait front à l'ennemi. Pourquoi ce cœur à la lutte, pourquoi cet héroïsme qu'on trouve à toutes les pages écrites par vous, ô soldats, dans ces jours de tourmente ?

C'est parce que tu sais pourquoi tu te bats, soldat de France !

Tu sais que cette guerre n'est point une guerre de conquête, pas plus que la guerre d'un homme.

C'est le combat du droit et de la liberté, contre les forces réunies de la barbarie.

Tu le sais, soldat, et c'est pour cela que tu veux lutter jusqu'au bout, jusqu'à l'extermination de tes ennemis.

L'Allemagne, pour son développement économique, manquait de débouchés, et son marché commercial et industriel s'encombrait davantage chaque année.

L'Allemagne, à cause de sa grande natalité, manquait de place pour sa population.

L'Allemagne, pays de discipline et de contrainte, était harcelée par le parti pangermaniste, le parti de l'Allemagne au-dessus de tout, qui désirait la gloire des armes et des combats.

Pour se faire craindre, elle avait accumulé les hommes et le matériel, elle avait organisé la force. C'était un capital inutilisé dont un jour elle devait inévitablement chercher l'emploi.

Pour assurer l'essor de son commerce, l'utilisation de sa population, elle a saisi le premier prétexte pour employer à son désir de domination, cette force qu'elle avait savamment organisée depuis quarante-quatre ans et qu'elle croyait avoir atteint son maximum.

L'Allemagne, violant tous les traités (des chiffons de papier pour elle), s'est jetée sur nous...; mais, malgré la ruée en masse, nous avons paré le coup; victorieux sur la Marne, nous avons obligé nos ennemis à se terrer et nous nous sommes peu à peu organisés.

La lutte entrera bientôt dans sa phase décisive. La France a donc encore besoin de toi, soldat, de tout ton courage, de tout ton héroïsme, peut-être de ta vie !

Tu lui donneras tout :

Parce que tu te bats pour maintenir à la patrie le premier rang dans le monde civilisé;

Parce que tu te bats pour la liberté et la sécurité des peuples;

Parce que tu te bats pour le droit et la justice.

Tu iras jusqu'au bout :

Pour abattre l'Allemagne et amener la tranquillité de l'Europe;

Pour que tes enfants n'aient pas la hantise d'un cataclysme semblable à celui que nous vivons.

La tâche sera peut-être encore longue et lourde.

Mais tu as maintenant entre les mains les armes nécessaires, et tu sais qu'il ne s'agit plus que d'avoir du courage et de la vaillance.

Soldat de France, tu iras droit au but, jusqu'à la fin, jusqu'à la victoire !

Comment faire son devoir de Français ?

Ainsi, tous les Français appelés au service sont partis au premier jour. Beaucoup d'entre eux, hélas, sont tombés au champ d'honneur ! Des vides se sont faits qu'on a remplis. Chacun a fait vaillamment son devoir.

Et dans un conflit aussi vaste que celui qui bouleverse actuellement le monde, il importe que chacun se donne à la patrie entièrement. Il n'y a pas de non-valeurs. Pour ceux qui ne peuvent être utilisés au front, dont l'aptitude physique ne permet pas qu'ils soient envoyés au combat, il y a des places à l'arrière, dans lesquelles leur activité peut être utilement employée.

De jour en jour, au fur et à mesure que la lutte se prolonge, la France aura davantage besoin des efforts combinés de tous ses enfants, jeunes et vieux.

Il ne faut pas en ce moment d'hommes inemployés. Certes, celui qui, pour une raison quelconque, n'a pas été appelé, et qui emploie son activité dans l'industrie ou le commerce est également utile. Car la vie économique continue, et pour que la France puisse poursuivre son effort jusqu'au bout, il faut que le commerce et l'industrie français, non seulement maintiennent leur activité, mais s'efforcent de l'augmenter. Ceux-là travaillent donc aussi pour la France, ne l'oublions pas.

Mais il est encore bien des Français qui, favorisés de la fortune, vivent oisifs. A ceux-là, nous disons :

Vous avez mieux à faire. Vous devez ce qui vous reste de vie à la France;

On peut se rendre utile de mille façons et les moyens sont à la portée de tous;

On peut s'engager pour la durée de la guerre suivant ses aptitudes spéciales;

On peut demander à servir dans certaines administrations pour y remplacer des employés mobilisés.

Nous indiquons plus loin la marche à suivre pour contracter ces engagements spéciaux.

On peut encore apporter aide et concours à mille œuvres diverses qui se sont créées pour porter secours à toutes les misères de ce temps tragique, apporter réconfort et améliorations à nos soldats.

Bien des voies sont ouvertes, il faut entrer dans l'une, participer à l'activité générale. C'est un devoir absolu.

Voici pour les hommes, nous en dirons presque autant pour les femmes.

Certes, leur rôle est différent. Et celle qui, chargée de famille, continue à tenir sa maison, celle qui va gagner le pain de chaque jour, sont des Françaises courageuses, devant lesquelles il faut s'incliner très bas. Les autres, nous les avons vues prendre tous les postes, remplacer les hommes dans plus d'une profession : elles travaillent pour la France, elles contribuent à l'effort général.

D'autres se sont penchées vers les blessés, et leurs soins éclairés ont permis à plus d'un d'entre eux de renaître à la vie.

Toutes, elles furent admirables, et la Française, dans cette crise grave, a su montrer au monde quelles étaient ses véritables qualités. Elles auront été les ouvrières de la victoire.

S'il en est d'inemployées encore, d'inactives, qu'elles regagnent le temps perdu. Les œuvres particulières les appellent, qu'elles entrent dans le combat sans tarder.

Nous nous contenterons de donner plus loin quelques indications sur la manière de devenir infirmière.

Nous avons vu plus haut quels devoirs s'imposaient à tous les Français en général, à tous les Français d'âge à servir.

Mais il y a encore les jeunes, il y a aussi ces gamins (qu'ils me pardonnent le mot) dont le sang bouillonne, dont l'âme exulte, dont l'esprit est transporté; qui rêvent de combat, de gloire, qui s'aperçoivent victorieux, et se voient revenant, acclamés, couverts de lauriers, le ruban rouge sur la poitrine...

Ceux-là, ils ne veulent pas attendre qu'ils soient appelés, et désirent rejoindre leurs aînés.

L'engagement s'impose alors, nous en donnons les moyens légaux.

Nous allons maintenant donner les prescriptions réglementaires pour pouvoir contracter un engagement volontaire ou spécial, ainsi que les instructions du service de santé relatives aux sociétés d'assistance aux blessés et malades des armées de terre et de mer, reconnues d'utilité publique.

Engagements volontaires.

Durée du service militaire.

Tout Français doit le service militaire personnel.

L'armée active se recrute :

1° Par appels annuels du contingent;

2° Par engagements volontaires et rengagements.

Le service militaire est égal pour tous. Hors le cas d'incapacité physique, il ne comporte aucune dispense.

Il a une durée de vingt-huit années et s'accomplit selon le mode déterminé ci-dessous.

Nul n'est admis dans les troupes françaises s'il n'est Français ou naturalisé Français, sauf les exceptions déterminées par la loi.

Tous les hommes reconnus aptes au service militaire sont tenus d'accomplir effectivement la même durée de service.

Tout Français reconnu propre au service militaire fait partie successivement :

De l'armée active pendant trois ans;

De la réserve de l'armée active pendant onze ans;

De l'armée territoriale pendant sept ans;

De la réserve de l'armée territoriale pendant sept ans.

Le service militaire est réglé par classe. L'armée active comprend, indépendamment des hommes qui ne proviennent pas des appelés, tous les jeunes gens déclarés propres au service militaire armé et auxiliaire, et faisant partie des trois derniers contingents incorporés.

Dans le cas où les circonstances paraîtront l'exiger, le Ministre de la guerre et le Ministre de la marine sont autorisés à conserver temporairement sous les drapeaux la classe qui a terminé sa troisième année de service. Notification de cette décision sera faite aux Chambres dans le plus bref délai possible.

En temps de guerre, les passages et la libération n'ont lieu qu'après l'arrivée de la classe destinée à remplacer celle à laquelle les militaires appartiennent. Cette disposition est exceptionnellement applicable, dès le temps de paix, aux hommes servant aux colonies.

Les militaires faisant partie de corps mobilisés peuvent y être maintenus jusqu'à la cessation des hostilités, quelle que soit la classe à laquelle ils appartiennent.

En temps de guerre, le Ministre peut appeler par anticipation la classe qui ne serait appelée que le 1er octobre suivant, ou, en vertu d'une loi, des classes plus jeunes.

Engagements volontaires (loi du 21 mars 1905, modifiée par la loi du 7 août 1913).

Tout Français ou naturalisé Français, ainsi que les jeunes gens qui doivent être inscrits sur les tableaux de recensement ou qui sont autorisés par les lois à servir dans l'armée française, peuvent être admis à contracter un engagement volontaire dans l'armée active, aux conditions suivantes :

L'engagé volontaire doit :

1° S'il entre dans les troupes métropolitaines, avoir 18 ans accomplis.

S'il entre dans les troupes coloniales, avoir 18 ans accomplis et contracter un engagement de durée telle qu'il puisse séjourner deux années aux colonies à partir du moment où il aura atteint 21 ans.

Cette dernière condition ne s'applique pas aux jeunes gens résidant aux colonies ou dans les pays de protectorat, si les troupes coloniales où ils s'engagent sont stationnées dans leur colonie ou pays de protectorat;

2° N'être ni marié ni veuf avec enfants;

3° N'avoir encouru aucune des condamnations

tombant sous le coup de la loi. Toutefois, les hommes incorporés dans les bataillons d'Afrique pourront contracter des rengagements renouvelables d'un an dans les conditions de la loi;

4° Jouir de ses droits civils;

5° Etre de bonnes vie et mœurs;

6° S'il a moins de 20 ans, être pourvu du consentement de ses père, mère ou tuteur; ce dernier doit être autorisé par une délibération du conseil de famille.

Les jeunes gens réunissant les conditions prévues ci-dessus peuvent contracter, pour les troupes métropolitaines, des engagements de quatre et cinq ans, et pour les troupes coloniales, ainsi que pour certains corps métropolitains d'Afrique désignés par le Ministre de la guerre, des engagements de trois, quatre et cinq ans, sous réserve, toutefois, pour les troupes coloniales, de la restriction imposée d'avoir 18 ans accomplis et de contracter un engagement d'une durée telle que l'engagé puisse séjourner deux années aux colonies à partir du moment où il aura 21 ans.

Le service militaire compte, pour les engagés, du jour de la signature de l'acte d'engagement. Ils passent dans la réserve à l'expiration de leur service actif et suivent ensuite le sort de la classe incorporée dans l'année de leur engagement.

Les jeunes gens qui contractent un engagement volontaire de quatre ou cinq ans ont droit de choisir leur arme et leur corps, sous réserve des conditions d'aptitude physique exigées pour cette arme. Ces engagements de quatre ou cinq ans sont admis à des dates fixées par le Ministre de la guerre.

En cas de guerre, tout Français ayant accompli le temps de service prescrit pour l'armée active, la réserve de ladite armée et l'armée territoriale est admis à contracter, dans un corps de son choix, un engagement pour la durée de la guerre (voir plus loin à ce titre).

Cette faculté cesse pour les hommes de la réserve de l'armée territoriale lorsque leur classe est rappelée à l'activité.

En cas de guerre continentale, le Ministre de la guerre peut être autorisé, par décret du Président de la République, à accepter comme engagés volontaires pour la durée de la guerre les jeunes gens ayant 17 ans; il fixe les conditions suivant lesquelles ces engagements peuvent être reçus.

Le temps ainsi passé sous les drapeaux sera, pour ces engagés, déduit des trois années de service actif.

Les engagements volontaires sont contractés dans les formes indiquées plus loin et devant les maires des chefs-lieux de canton en France, devant les officiers de l'état civil désignés par décret en Algérie et par arrêtés des gouverneurs dans les colonies ou résidents généraux dans les pays de protectorat.

Dès qu'il a reçu un engagement, le maire est tenu d'aviser le commandant de recrutement dont relève l'engagé, qui prend les mesures nécessaires pour faire délivrer à celui-ci ou faire notifier à son domicile une feuille de route pour rejoindre son corps.

Comment s'engage-t-on ?

Tout homme qui demande à contracter un engagement volontaire pour l'armée de terre doit être sain, robuste et bien constitué et satisfaire, selon le corps où il désire servir, aux conditions de taille et d'aptitude fixées ci-dessous.

Les engagements ne peuvent être reçus que pour les corps de troupe d'infanterie, de cavalerie, d'artillerie, du génie et pour le train des équipages militaires.

Ils sont admis à toute époque de l'année.

Toutefois, ils peuvent être suspendus partiellement par une décision du Ministre de la guerre, suivant les besoins du service, pour certains corps.

L'engagé indique le corps dans lequel il désire servir.

L'engagé peut toujours être changé de corps ou d'arme lorsque l'intérêt ou les besoins du service l'exigent.

Le jeune homme qui demande à s'engager se présente devant un commandant de bureau de recrutement.

Cet officier supérieur, après s'être assuré, avec l'assistance d'un médecin militaire ou, à défaut, d'un docteur en médecine désigné par l'autorité militaire, que le jeune homme n'a aucune infirmité ni maladie apparente ou cachée, qu'il est d'une constitution saine et robuste, qu'il a la taille et qu'il réunit les conditions exigées pour servir dans le corps où il désire entrer, lui délivre un certificat d'aptitude.

Le chef de corps où désire entrer l'engagé peut également délivrer ce certificat après visite de l'un des médecins sous ses ordres.

Muni du certificat d'aptitude que lui a délivré l'autorité militaire, le contractant se présente devant le maire.

Il justifie de son âge par pièces authentiques. Indépendamment d'un extrait de son casier judiciaire, qu'il doit se procurer par l'intermédiaire d'un commandant de recrutement, il produit un certificat de bonnes vie et mœurs et, s'il y a lieu, le consentement de ses parents ou tuteur.

Si le casier judiciaire relate une condamnation tombant sous le coup de la loi, l'engagement n'est reçu pour aucun corps, même pour un bataillon d'infanterie légère d'Afrique. Toutefois, le jeune homme qui a encouru une de ces condamnations peut s'engager au titre d'un corps du service général pour trois, quatre ou cinq ans, s'il a bénéficié de la loi de sursis, sauf dans le cas où il aurait été condamné pour avoir fait métier de souteneur.

Le maire constate l'identité du contractant et lui fait déclarer devant deux témoins :

1° Qu'il n'est ni marié, ni veuf avec enfant;

2° Qu'il n'est lié au service armé de terre ou de mer ni dans l'armée active, ni dans la réserve de ladite armée, ni dans l'armée territoriale, ni comme inscrit maritime.

Ladite déclaration est insérée dans l'acte d'engagement.

Si l'engagé a été déclaré impropre au service ou classé dans le service auxiliaire par le conseil de revision, ou si, ayant déjà servi, il a été réformé, il justifie de sa position par pièces authentiques.

S'il a appartenu à l'inscription maritime, il doit présenter un acte de déclassement signé par l'administrateur de l'inscription maritime de son quartier.

Avant la signature de l'acte, le maire donne lecture à l'engagé des dispositions de la loi du 21 mars 1905 modifiée par la loi du 7 août 1913.

Les certificats et les autres pièces produites par l'engagé restent annexés à la minute de l'acte.

Tout engagé volontaire reçoit, immédiatement après la signature de son acte d'engagement, une expédition de cet acte et un ordre de route.

L'engagé se rend directement au corps.

Il est tenu de s'y présenter dans les délais fixés par son ordre de route.

L'engagé volontaire réformé pour des motifs autres que pour blessures reçues dans un service commandé ou pour infirmités contractées dans les armées de terre ou de mer peut être ultérieurement compris dans le contingent par le conseil de revision, si les motifs de la réforme ont cessé d'exister.

Dans ce cas, il lui est tenu compte, sur la durée de son service légal, du temps qu'il a précédemment passé sous les drapeaux.

Tout Français qui, en cas de guerre, demande à contracter un engagement pour la durée de la guerre, se conforme aux indications données au chapitre spécial à ces engagements.

D'ailleurs, tous les renseignements dont un postulant aurait besoin pour contracter un engagement, peuvent lui être fournis soit dans les mairies soit dans les bureaux de recrutement.

Engagements volontaires pour la durée de la guerre.

Aux termes de la loi du 21 mars 1905 sur le recrutement de l'armée, tout Français ayant accompli le temps de service prescrit pour l'armée active, la réserve de l'armée active et l'armée territoriale, est admis à contracter dans un corps de son choix un engagement pour la durée de la guerre; cette faculté cesse pour les hommes de la réserve de l'armée territoriale lorsqu'ils sont rappelés à l'activité.

D'autre part, le décret du 6 août 1914 autorise les jeunes gens âgés de 17 ans à contracter un engagement pour la durée de la guerre et fixe les conditions d'acceptation de ces engagements.

Ces prescriptions doivent être interprétées en ce sens que tout Français appartenant à la réserve de l'armée territoriale et non encore rappelé ou dégagé, pour quelque cause que ce soit, de ses obligations militaires (exempté, réformé, libéré définitivement, etc...) ou n'y étant pas encore astreint en raison de son âge ou par omission, peut contracter l'engagement dont il s'agit, sous réserve de remplir les conditions d'aptitude et de moralité exigées. En outre, les mineurs de moins de 20 ans devront avoir le consentement de leurs parents ou de leurs représentants légaux.

Ces divers engagements seront contractés dans les formes prévues pour les engagements volontaires ordinaires.

Les engagements pour la durée de la guerre ne pourront être contractés que pour les corps (métropolitains et coloniaux) et services dont les dépôts sont stationnés dans la zone de l'intérieur, hors de la subdivision du domicile de l'intéressé.

Les engagés seront désormais tous dirigés sur les dépôts.

En ce qui concerne les hommes exemptés ou réformés, comme il importe de n'admettre à l'engagement que des hommes parfaitement valides et en état de supporter les fatigues exceptionnelles d'une campagne, on devra s'enquérir spécialement des causes ayant motivé jadis l'exemption ou la réforme de ces hommes et s'assurer qu'elles ont disparu; on prendra enfin toutes les précautions utiles pour ne pas engager des non-valeurs qui, au bout de peu de temps, encombreraient les formations sanitaires et seraient les premières victimes d'affections épidémiques.

En ce qui concerne les troupes de l'aéronautique, ne pourront contracter des engagements dans ces troupes que les hommes exerçant la profession de mécanicien ou de conducteurs d'automobile, les uns et les autres connaissant les moteurs à explosion, ou celle de monteur d'aéroplane. Dès leur engagement, ils seront dirigés sur le premier groupe d'aérostation à Versailles, où, après avoir subi un examen pratique, ils seront classés définitivement dans les troupes de l'aéronautique ou dirigés sur d'autres corps.

Jusqu'à la cessation des hostilités, si le père est empêché, notamment par le fait de guerre, d'autoriser son fils mineur de 20 ans à contracter l'engagement volontaire prévu par le décret du 6 août 1914, l'autorisation est donnée par la mère.

En cas de prédécès de la mère, en cas d'empêchement de la mère ou du tuteur, l'autorisation est donnée par le juge de paix de la circonscription dans laquelle le jeune homme qui désire s'engager a sa résidence actuelle.

L'intervention du conseil de famille n'est en aucun cas nécessaire pour ces engagements.

Les otages ne sont pas admis à s'engager.

Les réfugiés peuvent s'engager pour la durée de la guerre, sur le vu du certificat d'aptitude physique.

Engagements spéciaux pour la durée de la guerre.

Tout homme dégagé de ses obligations militaires, soit par son âge, soit par réforme ou exemption, peut être admis à contracter un engagement spécial, pour la durée de la guerre, pour remplir un emploi déterminé.

Ces engagements sont reçus au titre d'un corps ou d'un service, dans les conditions suivantes :

L'intéressé qui désire contracter un engagement spécial se présente au chef de corps ou de service où il désire entrer, auquel il remet, avec sa demande, un extrait de naissance attestant sa qualité de Français et un certificat de bonnes vie et mœurs.

Le chef de corps ou de service — ou son représentant —, après avoir indiqué au postulant les conditions qui lui seront imposées dans le service qui lui sera confié, le statut auquel il sera régi (résiliation éventuelle, facilités données de coucher et de manger en ville, exemption de visites médicales, droit à une haute paye, à la médaille commémorative, etc...), le fera examiner quant à son aptitude à l'emploi demandé. Aux pièces indiquées plus haut, il joindra son attestation et adressera ces divers documents au bureau de recrutement, à charge par ce dernier de faire venir lui-même le casier judiciaire de l'intéressé, et de vérifier s'il est bien dégagé de toute obligation militaire et s'il n'est pas exclu de l'armée.

Le dossier ainsi constitué est aussitôt que possible retourné au chef de corps ou de service, qui convoque alors le contractant et lui fait signer son engagement, lequel est retourné au bureau de recrutement. Dans le cas où le contractant ne réside pas dans la localité où il désire s'engager, et pour éviter tout déplacement préalable, le commandant du bureau de recrutement le plus proche se substitue au chef de corps ou de service pour les diverses formalités ci-dessus indiquées.

Les engagements spéciaux peuvent être reçus au titre de tous les dépôts, qu'ils soient stationnés dans la zone des armées ou dans celle de l'intérieur.

Les hommes présentant une difformité, même apparente, ne sont pas à éliminer, mais dans ce cas ils conservent la tenue civile avec brassard. Ces engagés percevront une prime de 13 francs pour les effets civils dont ils seront détenteurs à leur arrivée au corps et une prime journalière de 0 fr. 25 pour leur entretien.

Ces engagements peuvent, pour raison d'inconduite habituelle, d'indiscipline ou d'incapacité professionnelle, être résiliés sur la proposition motivée des chefs hiérarchiques.

Statut des engagés spéciaux.

Les engagés spéciaux sont militaires; par conséquent, leur sont applicables toutes les dispositions légales concernant les gratifications de réforme ou les pensions.

Ils bénéficient des dispositions relatives à la haute paye pendant toute la durée de leur engagement.

Ils peuvent obtenir, dans la mesure la plus large compatible avec les nécessités du service, l'autorisation de coucher en ville, de circuler librement après l'appel du soir jusqu'à une heure fixée par l'autorité militaire.

Ils conservent, pendant toute la durée de la guerre, l'emploi pour lequel ils ont opté et dans la résidence qu'ils ont choisie; ils ne sont plus astreints à aucune visite médicale en vue de leur versement dans le service auxiliaire ou dans le service armé.

Ils auront, pour l'obtention de la médaille commémorative, des droits analogues à tous ceux des militaires qui auront servi dans les mêmes conditions qu'eux.

Ils percevront, sur demande, l'indemnité journalière de 2 fr. 50, lorsqu'ils seront autorisés à coucher et à prendre leurs repas en ville.

Les anciens gradés seront réintégrés dans leur grade dans la plus large mesure compatible avec les besoins, mais cette mesure n'est pas un droit.

Les anciens officiers rayés des cadres pour une raison quelconque et dégagés de toute obligation militaire sont admis à contracter l'engagement spécial comme sergent.

D'autre part, en dehors des engagements spéciaux, tous les chefs de corps ou de service sont autorisés à accepter, après vérification de leur situation militaire, et sous la réserve de l'emploi demandé, le concours bénévole de citoyens qui ne disposeront quotidiennement que d'un nombre limité d'heures.

Ces volontaires seront employés selon leurs facultés et le temps qu'ils peuvent consacrer à la défense nationale, étant entendu qu'ils ne seront pas considérés comme militaires et qu'ils ne pouront prétendre à aucune rémunération.

Principaux emplois pour lesquels les engagements spéciaux peuvent être reçus.

Secrétaire, comptable, dactylographe, sténo-dactylographe, tailleur, dessinateur, dessinateur industriel, dessinateur lithographe, photographe, cordonnier, bottier, bourrelier, sellier, cuisinier, boulanger, servant de four, meunier, boucher, toucheur de bestiaux, ébéniste, menuisier, emballeur, charron, scieur, charpentier en bois, charpentier en fer, forgeron, ajusteur-mécanicien, mécanicien, mécanicien-constructeur, chauffeur, buandier, graveur, armurier, électricien, serrurier, tôlier, ferblantier, chaudronnier, étameur, riveur, taillandier, affûteur, rhabilleur de meules, fumiste, chimiste, artificier, coiffeur, convoyeur, batteleur, vannier, magasinier, cordier, peaussier, corroyeur, tanneur, décatisseur, mégissier, drapier, minotier, tonnelier, layetier, voilier, horloger, pharmacien, infirmier, masseur, opticien, dentiste, mécanicien-dentiste, maçon, peintre, conducteur d'automobile, conducteur de camion, conducteur de groupe, conducteur électrogène, motocycliste, téléphoniste, manutentionnaire, planton, chef de chantier, surveillant de chantier.

Dans les camps de prisonniers : interprète langue allemande, avec connaissance du dialecte alsacien-lorrain, interprète langue polonaise, interprète langue sleswigeoise, interprète langue turque, garde de prisonniers de guerre.

***

Telles sont les règles qui régissent les engagements spéciaux et l'utilisation des volontaires. Nul doute que cette source de recrutement ne donne de larges ressources et que ceux des citoyens qui peuvent se rendre utiles ne viennent grossir les rangs de notre armée, en se substituant à des militaires qui sont maintenus à l'intérieur pour des nécessités de service, et qui ont hâte de rejoindre leurs camarades aux armées.

Tableau indiquant la taille et le poids à exiger des engagés volontaires pour les différentes armes.

DÉSIGNATION DES CORPS.	Minimum.	Maximum.	OBSERVATIONS.
INFANTERIE.			
Régiments d'infanterie			Les hommes ayant moins de 1m54 doivent racheter ce défaut de taille par une constitution extrêmement vigoureuse et par une aptitude spéciale à la marche ; ou exercer la profession de tailleur, de cordonnier ou de maréchal ferrant.
Bataillons de chasseurs à pied			
Régiments de zouaves	1m54		
— de tirailleurs algériens			
Bataillons d'infanterie légère d'Afrique			
Régiment de sapeurs-pompiers	1m60	1m75	
CAVALERIE (1).			
Régiments de cuirassiers	1m70	1m80	Une tolérance de taille est admise pour les diverses catégories d'ouvriers.
— de dragons	1m64	1m72	
— de chasseurs et de hussards	1m59	1m66	
— de chas. d'Afriq. et de spahis	1m59	1m70	
ARTILLERIE.			
Artillerie de campagne, baties montées	1m60		
— — baties à cheval	1m66		
— de montagne	1m70		
— lourde	1m64	1m66	Id.
— à pied	1m66		
GÉNIE.			
Sapeurs mineurs et sapeurs de ch. de fer	1m66		
— aérostiers	1m66		
— télégraphiste	1m66		
Train des équipages militaires	1m60	1m64	Id.

(1) Les hommes ne doivent être admis à s'engager dans la cavalerie que s'ils ne dépassent pas le poids maximum ci-après :
Cuirassiers, 75 kilos ; Dragons, 70 kilos ; Cavalerie légère, 65 kilos.

Rôle des femmes dans le service des hôpitaux militaires de l'intérieur.

Examinant plus haut le rôle des femmes dans cette guerre, nous avons respectueusement apprécié le dévouement dont elles n'ont cessé de faire preuve en multipliant leur activité pour soigner, dans les meilleures conditions possibles, nos chers blessés.

Nous faisions appel, à cette occasion, à celles encore inemployées, et nous les pressions d'entrer dans la lutte. Nos infirmières combattent également pour la France en arrachant à la mort les meilleurs de ses enfants, et aussi en adoucissant le plus possible les derniers moments de ceux qui, blessés au champ d'honneur, viennent achever leur vie sur les petits lits de nos hôpitaux...

Nous tenons donc à donner ci-après les renseignements qui pourraient être nécessaires aux Françaises désireuses de venir apporter une aide efficace au personnel sanitaire actuel.

I. — Les infirmières laïques dans les hôpitaux militaires.

Il s'agit ici d'une profession. Il nous a paru utile d'en traiter spécialement, à l'heure où, de par la disparition trop rapide de nombreux chefs de famille, des femmes pourraient se trouver dans l'obligation de demander à un travail régulier les ressources nécessaires à leur vie actuelle et à celle de leurs enfants.

C'est un travail pénible, sans doute, que celui qui consiste à soigner les malades; mais il est parfaitement dans les aptitudes de la femme, puisqu'il demande de la douceur et de la bonté, alliées à une certaine volonté. Celles qui auront perdu les leurs dans cette lutte des peuples seront d'ailleurs particulièrement aptes à soigner et à consoler les soldats échappés au cataclysme qui reviendront, meurtris, chercher à l'intérieur de nouvelles forces pour les combats décisifs.

Les règlements prévoient donc expressément que des infirmières laïques peuvent être attachées aux hôpitaux militaires, pour être employées dans les salles des malades et des blessés.

Elles se recrutent, par voie de concours, parmi les infirmières diplômées de l'Assistance publique et des écoles d'infirmières laïques, publiques ou privées. Tous renseignements de détail, tant sur les programmes que sur les concours, peuvent être fournis par le sous-secrétariat d'Etat du service de santé au ministère de la guerre. Nous dirons seulement que les candidates doivent avoir 20 ans au moins et 35 ans au plus, au 1er janvier de l'année du concours, et que ce concours comprend une épreuve écrite d'instruction générale d'une durée de deux heures et une épreuve pratique d'une durée minimum de trente minutes.

Le personnel des infirmières comprend des infirmières stagiaires et des infirmières principales, dont les traitements vont de 300 francs à 1.458 francs par an. Toutes ont droit au logement ou à une indemnité spéciale (de 300 à 400 francs, suivant les villes), ainsi qu'à une indemnité annuelle d'habillement fixée à 100 francs. Des dispositions de faveur sont prévues pour le cas de maladie, d'accident ou de grossesse.

La tenue consiste en une robe de mérinos noir et en un bonnet blanc en mousseline, sur le côté gauche duquel est piquée une cocarde tricolore dont le diamètre varie suivant le grade. Dans le service des salles, les infirmières revêtent le sarrau et un tablier blanc à bavette.

Le service consiste à donner des soins aux malades et aux blessés et à surveiller la distribution des aliments, l'administration des médicaments et, d'une manière générale, l'exécution des prescriptions médicales.

Le temps de présence quotidien est de douze heures et quart (y compris deux heures pour les repas). Un repos de vingt-quatre heures consécutives par semaine est de droit, ainsi qu'un congé de vingt-cinq jours par an (avec traitement).

III. — Sociétés d'assistance.

Nous en arrivons maintenant à ces femmes qui ont fait don de leur temps et de leur savoir à la France, et qui, grâce à leur dévouement et à leur zèle toujours renouvelés, ont permis au service sanitaire de faire face à tous les afflux de blessés. Nous voulons parler des femmes appartenant aux sociétés d'assistance aux malades et blessés des armées de terre et de mer.

Les seules sociétés autorisées à prêter leur concours, en temps de guerre, au service de santé des armées de terre et de mer, dans les conditions prévues par les conventions internationales réglant l'emploi de l'emblème de la Croix-Rouge sont les suivantes :

La Société de secours aux blessés;
L'Union des Femmes de France;
L'Association des Dames françaises.

Le rôle de ces sociétés consiste :

1° A créer, dans les places et localités désignées suivant les besoins, des hôpitaux auxiliaires, destinés à recevoir les malades et blessés de l'armée qui, faute de place, ne peuvent être admis dans les établissements du service de santé;

2° A prêter éventuellement leur concours au service de l'arrière, en mettant à la disposition du service de santé des ressources en personnel et en matériel pouvant être utilisées dans les formations ou établissements sanitaires de la zone des armées;

3° A faire parvenir aux destinations indiquées par les Ministres de la guerre et de la marine les dons qu'elles recueillent pour les malades et blessés.

La Société de secours aux blessés reste en outre chargée du service des infirmeries de gare.

Nul ne peut être employé dans les infirmeries s'il n'est Français ou naturalisé Français. Pour le personnel masculin, il faut, en outre, être dégagé de toute obligation militaire (des exceptions étaient cependant prévues pour des R. A. T. ou pour des hommes du service auxiliaire appartenant à la territoriale). Un décret du 21 août 1914 a, avec justice, autorisé les sociétés en question à utiliser, pendant la durée de la guerre, les personnes étrangères appartenant à des puissances alliées.

Le rôle, le fonctionnement général des sociétés d'assistance, ainsi que leurs relations avec les directeurs (ou chefs) du service de santé sont déterminés par décrets spéciaux sur lesquels nous ne nous appesantirons pas ici. Disons seulement que des décrets limitent au service de l'arrière et au territoire national le concours qui peut être prêté par lesdites sociétés.

Lorsqu'ils concourent au fonctionnement des établissements sanitaires, les membres ou le personnel des sociétés portent le brassard de neutralité dans les conditions prévues par les conventions internationales.

Pour le personnel féminin, le costume, déterminé expressément par un arrêté ministériel du 19 mars 1915, comprend :

a) Une coiffe et un voile de couleur blanche, du modèle déposé au ministère de la guerre, portant une croix rouge brodée au centre du bandeau;

b) Une croix rouge sur fond blanc, surmontée des initiales de la société, de couleur rouge, brodées sur le corsage ou la blouse d'hôpital et sur la cape ou manteau.

Le port de tous ces insignes a été formellement interdit à toutes personnes n'appartenant pas aux trois sociétés ci-dessus désignées.

Notons, enfin, que les infirmières se répartissent en infirmières-majors, infirmières de visite et infirmières de salle, et nous en aurons terminé avec les détails concernant les infirmières volontaires. Toutes les indications utiles pourraient d'ailleurs être obtenues d'une des trois sociétés reconnues par l'Etat.

Disons maintenant un mot des établissements d'assistance aux convalescents militaires. L'assistance aux convalescents militaires, instituée sous la présidence de la comtesse Greffulhe, a été autorisée, dès novembre 1914, à organiser dans le territoire des établissements qui ont été mis à la disposition du service de santé de l'armée pour y recevoir les militaires (officiers, sous-officiers ou soldats) relevant de maladies ou de blessures graves. Nos héros récupèrent là, grâce à une existence hygiénique au grand air et à un régime alimentaire tonique autant que soigné, les forces qu'ils ont perdues. Ils se « refont » avant de repartir au front. C'est l'oasis dans le désert brûlant. Des dévouements peuvent être facilement utilisés par cette œuvre, qui compte un délégué dans chaque région de corps d'armée auprès duquel tous renseignements pourraient être obtenus.

Toutes les bonnes volontés féminines peuvent être utilisées. Ainsi que nous l'avons déjà dit, nous ne prêchons pas à celles qui, obligées de mener leurs maisons, de veiller leurs enfants, souvent de travailler pour eux, coopèrent cependant ainsi dans la mesure de leurs forces au salut de la patrie. Mais que toutes celles qui ont des instants de libres n'hésitent pas à chercher à les utiliser pour la grandeur de la France. Il n'est pas de besognes sans intérêt ni de petits dévouements.

Quant à celles dont la santé ne permettrait pas l'activité nécessaire pour mener à bien une des tâches envisagées par nous, peut-être ont-elles de la fortune, ou tout au moins quelque argent superflu. Qu'elles économisent, qu'elles se privent d'une fanfreluche et que, la main largement ouverte, elles donnent. Les sociétés d'assistance dont nous avons parlé reçoivent des dons. Il est nombre de groupements reconnus par l'Etat, qui ne vivent que de secours et en ont grand besoin durant cette campagne. Si vous ne pouvez donner votre temps, votre travail ou votre activité et si vous avez quelque piécette de libre, n'oubliez pas les blessés, n'oubliez pas les œuvres d'assistance. La France vous en prie. Nos soldats, au retour, resplendiront d'une auréole de gloire; la vôtre sera faite de dévouement et de charité, ô femmes de France, qui aurez vraiment coopéré à la victoire !

PENDANT.

Te voilà donc soldat, engagé volontaire ou appelé, ayant rejoint ton dépôt où tu vas faire ton apprentissage du métier des armes. Parcourons ensemble le cycle de ta vie nouvelle, à l'intérieur d'abord, aux armées ensuite.

Pour devenir un bon soldat.

Pour devenir un bon soldat, il faut qu'en entrant à la caserne, tu aies confiance en tes chefs, et confiance en toi-même.

Avec cette confiance, tu te plieras vite à la discipline militaire dont les bases sont si bien décrites dans le Règlement sur le service intérieur.

Ecoute :

« La discipline se manifeste par la subordination de grade à grade, le respect envers les chefs, l'obéissance confiante et instantanée à leurs ordres, la volonté sincère et opiniâtre d'atteindre le but qu'ils ont fixé.

» Elle a sa plus haute expression dans cette formule : exécuter ponctuellement tout ce qui est commandé pour le bien et la défense du pays, l'observation des règlements et l'application des lois.

» Elle doit être exigée de tous, sans distinction de grade ou de durée du service accompli. Le chef, quelles que soient les circonstances, doit puiser le sentiment de son autorité et des responsabilités qui en découlent, dans la force de caractère nécessaire pour obtenir de ses subordonnés l'entier accomplissement de leurs devoirs.

» La discipline est d'autant plus facilement obtenue que les chefs ont pris plus d'ascendant sur leur troupe, en raison de l'exemple qu'ils lui donnent, de la confiance qu'ils lui inspirent par leur caractère, leurs connaissances professionnelles et leur loyalisme envers les institutions du pays.

» Les chefs doivent faire appel à l'intelligence de

leurs subordonnés et mettre en pratique ce principe que leurs ordres seront mieux exécutés s'ils en font comprendre le but et la portée.

» L'éducation militaire renforce l'action de la discipline et en accroît les effets; elle élève le niveau moral de celui qui la reçoit, éveille ou développe en lui les idées de dévouement et de sacrifice, lui montre le but à atteindre et lui donne l'ambition d'y parvenir.

» La fermeté dans le maintien de la discipline doit s'allier à la bienveillance dans l'exercice du commandement.

» Le supérieur cherche à prévenir les fautes pour éviter d'avoir à les réprimer. Toute rigueur qui n'est pas nécessaire, toute punition qui n'est pas déterminée par le règlement ou que ferait prononcer un sentiment autre que celui du devoir, tout acte, tout geste, tout propos offensant d'un supérieur envers un subordonné sont sévèrement interdits. Les membres de la hiérarchie militaire, à quelque degré qu'ils soient placés, doivent traiter les inférieurs avec bonté, les aider de leurs conseils, leur porter tout l'intérêt et avoir pour eux tous les égards dûs à des hommes auxquels ils sont solidairement liés dans l'accomplissement d'une mission commune et des devoirs envers le pays. »

Cette discipline, tu l'accepteras de grand cœur et tu respecteras les règles de la subordination qui se résument ainsi : obéissance à ses chefs, exacte observation des règles qui, en maintenant chacun dans ses droits comme dans ses devoirs, évitent que cette subordination tombe dans l'arbitraire.

La confiance en tes chefs, tu la manifesteras en te laissant guider et en t'adressant à eux toutes les fois que tu seras embarrassé et qu'un conseil te serait utile.

La confiance en toi-même, tu la trouveras en écoutant les récits des anciens revenus du front, blessés ou fatigués. Ils te diront qu'ils ont été comme toi des jeunes soldats ignorant tout du métier des armes, mais qu'avec de la volonté et de la confiance dans leurs chefs ils ont surmonté toutes les difficultés, toutes les épreuves. La croix de guerre et la médaille militaire, que tu verras sur la poitrine de nombre d'entre eux, contribueront à te donner cette confiance indispensable au moral du guerrier, au moral du « poilu » que tu aspires à devenir le plus vite possible.

Ce que tes aînés ont fait, dis-toi que tu peux le faire à ton tour.

Tu entretiendras avec tes camarades des relations d'amitié, tu les aideras pour qu'ils t'aident à leur tour; en aimant tes camarades, tu aimeras ton régiment, dont tu seras bientôt fier. Tu voueras un culte particulier à ton drapeau sur lequel tu liras le nom des victoires qui l'ont illustré et cette devise : « Honneur, Patrie », qui en dit tant dans sa brièveté.

Tu seras zélé dans ton service, dévoué dans l'accomplissement de tes devoirs, propre dans ta personne et dans ta tenue, soigneux de ton uniforme, empressé à donner à tes chefs la déférence et les marques extérieures de respect que tu leur dois, en conservant toujours une attitude aisée et digne.

Voilà en quelques lignes comment tu deviendras un bon soldat.

Instruction militaire.

Ton instruction militaire, qui te sera donnée dans les dépôts par des gradés choisis, sera activement poussée dans le double but de faire rapidement de toi d'abord un soldat et ensuite « un guerrier » en état de défendre la patrie.

Sois attentif, laborieux et zélé afin de pouvoir rejoindre au plus tôt, comme tu en as le grand désir, tes aînés, là-bas au front, dans les tranchées, et ensuite dans la marche finale qui nous donnera la grande et définitive victoire.

Acquiers pour cela les qualités d'endurance et de résistance physiques nécessaires. Joins-y celles de bon tireur et de bon escrimeur, qui feront de toi un soldat invincible si tu possèdes, en outre, les qualités morales que tu as déjà puisées dans les leçons que tu as reçues à ton foyer et à l'école : l'amour de la patrie, le culte du drapeau, l'esprit de sacrifice et d'abnégation et le respect de la discipline.

Sans entrer dans les détails de l'instruction, nous te donnons ci-dessous, soldat, quelques généralités sur l'organisation de l'armée, ainsi que des définitions élémentaires qu'il est indispensable que tu connaisses parfaitement.

Nous y avons ajouté des indications et quelques conseils pour les diverses situations où tu peux être utilisé à des missions individuelles et livré ainsi à ta propre initiative.

Nous donnons enfin certaines prescriptions particulières à chaque arme ou service dans des chapitres spéciaux.

Organisation de l'armée.

Les troupes d'opérations, sous le commandement en chef d'un général de division, comprennent :

Des *armées*, réunion de deux ou trois corps d'armée, commandées par un général de division, et comprenant un état-major;

Des *corps d'armée*, commandés par un général de division, formés de deux ou trois divisions d'infanterie, un régiment de cavalerie légère, une brigade d'artillerie, un escadron du train des équipages, du génie militaire et les divers services, avec un état-major.

INFANTERIE.

Une *division d'infanterie*, commandée par un général de division, comprend deux brigades d'infanterie et une artillerie divisionnaire, avec un état-major.

Une *brigade d'infanterie*, commandée par un général de brigade, comprend deux régiments, avec un état-major.

Un *régiment d'infanterie* comprend trois ou quatre bataillons; le bataillon, quatre compagnies; la compagnie, quatre sections; la section, quatre escouades.

CAVALERIE.

La cavalerie comprend des divisions de cavalerie à trois brigades, avec un groupe de deux batteries d'artillerie, un groupe cycliste d'infanterie et des services, qui peuvent être réunies plusieurs entre elles sous le commandement d'un général de division pour former des corps de cavalerie. Les corps de cavalerie et les divisions comportent des états-majors.

La brigade de cavalerie comprend deux régiments commandés par un général de brigade, avec un état-major.

Le régiment comprend quatre ou six escadrons.

L'escadron, quatre pelotons, et les pelotons, quatre escouades.

ARTILLERIE.

L'artillerie comprend :

Des batteries montées formées de quatre canons et de six caissons;

Des batteries à cheval, qui ne diffèrent des premières que par l'effectif et un plus grand nombre de chevaux pour porter les servants qui sont transportés sur les coffres d'avant-train des voitures dans les batteries montées;

Le groupe des batteries, de trois batteries montées;

Le groupe de batteries à cheval, qui comprend deux batteries montées.

L'artillerie lourde, qui est composée de batteries de quatre canons de gros calibres.

GÉNIE.

Le génie comprend des régiments de sapeurs-mineurs, répartis en principe à raison de un bataillon par corps d'armée.

AVIATION.

Des escadrilles d'avions sont réparties entre les différentes armées.

TRAIN DES ÉQUIPAGES.

Le train des équipages comprend des escadrons de trois compagnies dont la répartition est faite entre les corps d'armée.

SECTIONS DE SECRÉTAIRES D'ÉTAT-MAJOR ET DU RECRUTEMENT.

Les sections de secrétaires d'état-major et du recrutement sont affectées au service des états-majors, tant à l'intérieur qu'aux armées, et aux bureaux de recrutement, d'après les instructions du Ministre et du général en chef.

SECTIONS DE COMMIS ET OUVRIERS D'ADMINISTRATION.

Des sections de commis et ouvriers d'administration assurent le service des bureaux de l'intendance, ainsi que celui des subsistances et de l'habillement et campement.

SECTIONS D'INFIRMIERS.

Des sections d'infirmiers chargés du service des ambulances et des hôpitaux sont réparties entre les diverses formations des régions et des armées.

FORMATIONS DE RÉSERVE ET DE L'ARMÉE TERRITORIALE.

En outre des formations de l'active, des unités de chaque arme sont formées dès la mobilisation et constituent des divisions de réserve ou de territoriale dans la composition desquelles entrent des troupes des différentes armes et les services nécessaires à leur bon fonctionnement.

Services.

Les services sont les organes destinés à donner satisfaction aux besoins des armées.

Ce sont :

Le *service de l'artillerie*, chargé du ravitaillement en munitions de tous les corps de troupe;

Le *service du génie*, qui fournit les outils et les explosifs, et est en outre chargé de l'installation, de l'entretien ou de la destruction, le cas échéant, des voies de communication. Le service du génie a aussi dans ses attributions le service des ponts et de leurs équipages;

Le *service télégraphique*, qui installe les lignes télégraphiques nécessaires pour relier les armées et qui est chargé de la télégraphie sans fil, de la télégraphie optique et aussi de l'installation des lignes et postes téléphoniques;

Le *service de l'intendance*, qui assure le ravitaillement des denrées alimentaires et fourragères pour les hommes et les chevaux et celui des effets de toute nature;

Le *service de santé*, qui s'occupe de l'hygiène des troupes et assure le fonctionnement des établissements hospitaliers de toute nature;

Le *service vétérinaire*, qui est chargé de l'hygiène et du traitement des chevaux et de la vérification de la qualité des animaux et de la viande nécessaire à l'alimentation;

Le *service de la prévôté* (gendarmerie), qui assure la police des armées, recherche les espions et les déserteurs, etc...;

Le *service de la trésorerie et des postes*, qui est chargé d'assurer les payements aux troupes et la transmission de la correspondance militaire.

La *direction du service de l'arrière* est chargée d'assurer les relations entre les armées et l'intérieur.

La *zone des armées* s'entend de tout le territoire placé sous l'autorité du général commandant en chef. La portion de la zone des armées où se meuvent les troupes d'opérations et leurs éléments est dite *zone de l'avant;* le reste de la zone est dit *zone de l'arrière.*

Dans chaque armée, la partie de la zone de l'arrière qui est en dehors de la zone des opérations est dite *zone des étapes.*

La *zone de l'intérieur* comprend le territoire restant sous l'autorité immédiate du Ministre.

Un *service automobile* assure, avec le service des étapes, les ravitaillements des armées, il comprend des *sections d'automobiles* réparties suivant les besoins.

AUMÔNERIE MILITAIRE.

Des aumôniers des différents cultes sont attachés aux groupes de brancardiers des corps et aux ambulances des divisions de cavalerie.

Service intérieur.

TENUE.

Régularité de la tenue. — La tenue doit être pour tous uniforme et réglementaire.

La tenue de travail est réglée par le commandement.

La tenue de sortie doit être propre et telle qu'elle augmente le prestige de son régiment, de son arme.

La *tenue de campagne* est celle qui comporte le chargement de tous les effets d'habillement, d'équipement et de l'armement sur l'homme, ou sur l'homme et le cheval, et que chaque homme doit emporter à la mobilisation.

PORT DES CHEVEUX ET DE LA BARBE.

Les cheveux doivent être portés courts, surtout par derrière; la moustache avec ou sans la mouche, ou la barbe entière, pour tous les militaires de l'active, de la réserve et de la territoriale.

MARQUES EXTÉRIEURES DE RESPECT.

Tout militaire doit, en toute circonstance, de jour et de nuit, en dehors du service comme dans le service, des marques extérieures de respect à ses supérieurs.

L'inférieur s'adresse à son supérieur avec déférence et ne doit pas discuter avec lui. Il ne prend la parole que lorsqu'il y est autorisé.

FORMES DU SALUT.

L'attitude du salut doit être prise d'un geste vif et décidé, la tête levée et en regardant la personne que l'on salue. Il s'exécute en portant la main droite ouverte au côté droit de la coiffure, la main dans le prolongement de l'avant-bras, les doigts étendus et joints, la paume de la main en avant, le bras sensiblement horizontal et dans l'alignement des épaules.

Si le militaire est en marche et qu'il croise un supérieur, il salue sans s'arrêter quand il est à six pas et conserve l'attitude du salut jusqu'à ce qu'il l'ait dépassé.

S'il porte un pli ou un paquet, il salue après avoir pris ce pli ou ce paquet dans la main gauche.

S'il est dans l'impossibilité de saluer parce qu'il a les deux mains encombrées, il tourne la tête carrément du côté du supérieur qu'il croise, en le regardant.

S'il fume, il prend sa cigarette ou son cigare de la main gauche pour pouvoir saluer de la main droite.

Dans la rue, il cède le haut du trottoir; à l'entrée d'une porte, il le laisse passer le premier.

S'il est en voiture, il salue comme s'il était à pied, en se levant si la voiture est arrêtée.

A bicyclette, il ralentit pour saluer sans cesser de surveiller sa machine; s'il est dans l'obligation de se servir de ses deux mains pour sa sécurité, il tourne la tête du côté du supérieur qu'il croise.

En entrant dans un café ou dans tout autre établissement où se trouve un supérieur, il salue avant de s'asseoir. Si un supérieur entre lorsqu'il est assis ou passe près de lui, il se lève et salue.

Le salut à cheval se fait comme à pied, mais après être passé à une allure modérée, si l'on croise un supérieur, et après lui avoir demandé l'autorisation de le dépasser s'il marche dans le même sens.

Isolé, un militaire rencontrant une troupe salue les officiers qui en font partie, le commandant de la troupe est tenu seul de rendre le salut.

S'il rencontre un drapeau ou un étendard, il s'arrête, lui fait face et salue. S'il est en armes, il prend la position réglementaire de l'arme dont il est porteur.

Le salut est dû de jour et de nuit, par tous les inférieurs aux supérieurs, qui doivent le rendre dans la forme réglementaire.

Les militaires doivent, à grade égal, échanger le

salut. Ils doivent le salut à ceux de leur grade médaillés ou décorés.

Le salut est dû aux militaires des armées étrangères.

Il est dû également aux préfets, sous-préfets et secrétaires généraux en uniforme.

Appellations.

Les généraux, les officiers des différentes armes, les adjudants-chefs et adjudants sont appelés par leur grade, précédé du mot « mon » pour le militaire de grade ou de rang inférieur au leur; les lieutenants-colonels, les sous-lieutenants sont appelés « mon colonel » et « mon lieutenant ».

Les autres officiers ou assimilés sont appelés par le grade précédé des mots « Monsieur le... »; Monsieur le médecin-major, Monsieur l'officier d'administration, Monsieur le vétérinaire, etc...

L'on appelle les autres sous-officiers, d'un grade au-dessous d'adjudant : « sergent », tout court, « brigadier, caporal », etc...

Les militaires sont interpellés par les mots : « soldat, cavalier, chasseur, canonnier, sapeur, zouave, artilleur, légionnaire », etc..., selon leur arme.

Manière de se présenter à un supérieur.

Pour se présenter à un supérieur, saluer et prendre la position militaire autrement dit du « garde-à-vous » et si l'on a une communication verbale à faire, la formuler.

S'il s'agit d'un pli à remettre, saluer, se mettre « au garde-à-vous », remettre le pli de la main gauche et attendre les ordres du supérieur. La mission terminée, saluer de nouveau, faire demi-tour réglementairement et se retirer.

Si l'on est porteur de son arme, rendre les honneurs d'abord et reposer l'arme s'il s'agit d'un pli à remettre, puis le présenter au supérieur de la main droite; s'il s'agit d'une simple communication verbale, rester dans la première position et attendre les ordres du supérieur. Si l'on est appelé par un de ses chefs, s'avancer rapidement à sa rencontre.

Un militaire qui se présente chez un supérieur se découvre après avoir salué.

Correspondance militaire.

Lorsque l'on écrit à un supérieur, on observe la forme réglementaire ci-dessous :

• CORPS D'ARMÉE.

—

• BRIGADE.

—

Régiment d

—

Objet .

Demande de changement de corps.

Le Canonnier X... de la n• batterie du e régiment, à Monsieur le Capitaine commandant de la batterie, à

J'ai l'honneur de solliciter de votre bienveillance, etc...

(Exposer sa requête.)

ou bien :

J'ai l'honneur de vous rendre compte que...

(Expliquer les faits.)

L'exposé des faits doit être bref, clair et précis, rédigé sous une forme déférente et ne comporter aucune formule finale de politesse.

Permissions et récompenses. — Punitions.

Les permissions ne constituent jamais un droit, mais une faveur, une récompense des efforts et de la bonne volonté.

Les félicitations verbales, les citations à l'ordre du régiment, de la brigade, du corps d'armée ou de l'armée s'obtiennent à la suite de faits de bravoure, de dévouement et d'actions d'éclat.

Elles peuvent procurer en outre de la croix de guerre, la médaille militaire et la croix de la Légion d'honneur.

Les punitions, au contraire, sont les sanctions prises pour les manquements aux devoirs militaires, aux fautes contre la discipline, les infractions aux règlements, l'inertie, la paresse, la négligence dans le service, l'ivresse, la désobéissance, etc...

Elles comprennent la privation de permission, la consigne, la salle de police, la prison.

Les fautes les plus graves sont la désertion, la lâcheté et la trahison, déférées aux conseils de guerre qui peuvent prononcer la peine de mort.

Nous n'insistons pas sur ce dernier paragraphe, pour toi, soldat de la revanche, qui ne pense qu'à ton devoir, et nous savons d'avance que tu auras vite la poitrine constellée de décorations et de palmes de gloire.

Comment gagne-t-on l'épaulette?

Le vrai moyen, soldat, de conquérir l'épaulette, est de la gagner sur le champ de bataille, à la pointe de ta baïonnette, et nombre de tes camarades, depuis le début de la campagne, partis simples soldats ont gagné leur premier galon d'officier par leurs exploits et leurs actes de bravoure.

Quelques-uns d'entre eux sont même déjà capitaines.

C'est ainsi que tu désires arriver aussi, jeune et bouillant soldat de la revanche, et tu as bien raison.

Cependant des cours d'élèves officiers sont institués pour chaque arme et se succèdent au fur et à mesure des incorporations, et, si tu désires être autorisé à les suivre, il te faudra subir les examens pour lesquels une préparation sera nécessaire.

Les conditions d'admission sont définies chaque fois que des cours sont organisés, elles diffèrent par arme en fixant les catégories des jeunes soldats qui peuvent concourir selon leur classe et selon leur grade.

En principe, les épreuves portent sur : une composition d'histoire (histoire de France de 1789 à nos jours); arithmétique (connaissances théoriques et pratiques [solution algébrique des problèmes facultative]); géographie (Europe et colonies françaises; notions générales sur les cinq parties du monde).

En outre, une commission militaire fait subir aux candidats un examen d'aptitude physique.

Les candidats reçus sont groupés dans les diverses écoles militaires, et peuvent être renvoyés à leurs régiments s'ils ne donnent pas satisfaction pendant le cours d'instruction.

Les autres sont nommés aspirants.

La nomination au grade de sous-lieutenant ne peut être obtenue qu'après un séjour de deux mois sur le front ou, après une action d'éclat, dans un délai moindre.

A l'intérieur, des nominations de sous-lieutenant ou assimilé, à titre temporaire, peuvent cependant être faites en faveur de militaires dégagés de toute obligation militaire ou appartenant à l'armée territoriale ou à la réserve de l'armée territoriale, dans la gendarmerie, le génie et dans les divers services de l'intendance et du service de santé.

D'autre part, des cours de caporaux ou de brigadiers sont faits dans les dépôts, qui permettent aux soldats qui n'ont pu aborder les épreuves des examens des élèves officiers, d'accéder néanmoins aux premiers grades.

Soldat, tu as ton bâton de maréchal dans ta giberne, et — ne l'oublie pas — ton avancement sera fonction de ta belle conduite au feu, de ton courage et de ton dévouement.

Service de place.

Le service du soldat dans les places, à quelque arme qu'il appartienne, consiste dans la participation à la garde d'établissements militaires ou autres, au maintien de l'ordre public et, s'il y a lieu, aux honneurs et à certains travaux.

Dans ce service, soldat, ton principal rôle est celui de sentinelle, qui consiste le plus souvent à faire observer les consignes qui te sont données.

Une sentinelle en faction doit garder une attitude militaire, ne parler à qui que ce soit sans nécessité et ne s'écarter jamais de la guérite à plus de trente pas. Elle a, en principe, la baïonnette au canon; elle peut avoir l'arme au pied ou sur l'épaule, et ne la quitte jamais, même dans la guérite.

Toute personne qui insulte une sentinelle est arrêtée; si elle est frappée, la sentinelle peut faire usage de ses armes; elle doit aide et protection à tout individu dont la sûreté est menacée et qui se réfugie auprès d'elle.

La durée de la faction est ordinairement de deux heures; elle n'est que d'une heure lorsque la température est rigoureuse.

Pour rendre les honneurs, la sentinelle s'arrête, fait face au cortège ou à la personne à qui les honneurs sont dûs et prend la position de l'arme que comporte la situation, pendant six pas avant et six pas après.

Si une sentinelle a besoin de se faire relever, elle crie : « Chef de poste, venez relever ! » Lorsqu'une sentinelle aperçoit un incendie, elle crie : « Au feu ! » Si elle est témoin de désordres ou d'un attentat, elle crie : « A la garde ! » Devant les armes, la sentinelle crie : « Aux armes ! » pour le passage d'une troupe en armes, et pour un officier ou un corps constitué à qui la garde doit rendre les honneurs.

La nuit, elle arrête les rondes et les patrouilles en criant : « Halte-là ! » et après l'arrêt : « Qui vive ! » Sur la réponse : « Ronde ou Patrouille », la sentinelle crie : « Avance au ralliement ! » Le chef s'avance et donne le mot de ralliement à la sentinelle; celle-ci appelle le chef de poste si elle est devant les armes.

Une sentinelle, devant une prison, qui aperçoit un détenu tentant de s'évader doit donner l'alarme en criant : « Aux armes ! » Si c'est la nuit, elle crie : « Halte-là ou je fais feu ! » et si le détenu ne s'arrête pas, elle tire et appelle la garde.

Militaires en congé ou en permission.

Les militaires en congé ou en permission doivent se présenter au bureau de la place ou à la gendarmerie pour faire viser les titres dont ils sont porteurs.

Toute infraction à la discipline, toute mauvaise tenue au cours d'un congé expose à des punitions le permissionnaire qui s'en rend coupable. Il peut être mis en demeure de rejoindre aussitôt son corps.

Conserve en dehors de ta garnison le respect de ton uniforme, soldat, sois-en fier, et rappelle-toi que le numéro de ton collet représente ton régiment qui sera d'autant plus apprécié que ta bonne tenue sera remarquée.

Si tu croises un convoi funèbre, salue respectueusement en lui faisant face.

Si tu rencontres un drapeau ou un étendard regarde-le avec fierté et salue : « C'est la France qui passe ! »

Lorsque tu es appelé à assister en délégation à une cérémonie funèbre, conserve pendant toute sa durée une attitude recueillie.

Honore les morts et voue un culte particulier à l'entretien des tombes des héros tombés en si grand nombre pour la défense de la patrie.

Les facteurs du succès.

Les plus puissants sont :

L'*honneur*, règle suprême de tous les actes du soldat;

Le *mépris du danger*, qui fait bon marché de la vie, dès qu'il s'agit de l'intérêt de la patrie, du salut de l'armée ou de l'honneur des armes;

L'*esprit de discipline*, qui décuple les forces en assurant leur cohésion et leur jeu régulier;

La *solidarité*, qui fait converger les efforts et d'où résulte la confiance mutuelle;

L'*audace*, qui tente l'impossible et réussit à le réaliser;

La *volonté d'agir* et d'atteindre le but. L'audace et la volonté d'agir engendrent l'esprit d'offensive qui doit animer tout le monde, depuis le soldat isolé jusqu'aux groupes les plus nombreux. L'idée dominante doit toujours être de sauter sur l'adversaire, de le battre et de poursuivre le succès jusqu'à l'épuisement.

Définitions élémentaires.

Troupe. — Se compose de rangs et de files.

Rang. — Se compose de soldats les uns à côté des autres.

File. — Se compose de deux soldats l'un derrière l'autre; une file est creuse lorsqu'il n'y a pas de soldat au deuxième rang.

Chef de file. — C'est le soldat du premier rang d'une troupe relativement à celui qui est placé derrière lui au deuxième rang.

Serre-file. — C'est un officier ou gradé chargé de surveiller une troupe et d'assurer les ordres du commandement.

Front. — C'est le devant d'une troupe soit en colonne, soit en bataille.

Aile. — C'est l'extrémité de droite ou de gauche d'une troupe en bataille.

Flanc. — C'est le côté de droite ou de gauche d'une troupe en colonne dans le sens de la profondeur.

Intervalle. — C'est l'espace vide entre deux troupes ou deux fractions de troupe, compté dans le sens du front.

Distance. — C'est l'espace vide entre deux troupes, deux fractions de troupe ou entre les rangs d'une même troupe compté dans le sens de la profondeur.

Profondeur. — C'est l'espace compris entre la tête et la queue d'une colonne.

Alignement. — C'est le placement de plusieurs soldats ou de plusieurs troupes sur une même ligne droite.

Troupe en bataille. — S'entend d'une troupe dont les éléments sont déployés et placés les uns à côté des autres.

Colonne. — S'entend d'une troupe dont les éléments sont déployés et placés les uns derrière les autres.

Evolutions. — Ce sont les mouvements par lesquels une troupe se déplace ou passe d'une formation à une autre.

Formation. — C'est le placement régulier de toutes les fractions d'une troupe, soit dans l'ordre de bataille, soit dans l'ordre en colonne, soit dans l'ordre échelonné.

Rupture. — C'est l'évolution par laquelle on passe de l'ordre en bataille à l'ordre en colonne ou par laquelle on diminue le front d'une colonne.

Ploiement. — C'est l'évolution par laquelle une troupe passe d'une formation déployée à une formation ployée.

Déploiement. — C'est l'évolution par laquelle une

troupe passe d'une formation ployée à une formation déployée.

Ralliement. — C'est le groupement rapide, derrière le chef, des éléments d'une troupe; il a pour but de rétablir la cohésion en vue d'une action immédiate.

Rassemblement. — C'est le groupement régulier, derrière le chef, des éléments dispersés d'une troupe; il a pour but de faire prendre à la troupe, sans évolution préalable, une formation régulière.

Disposition. — C'est le partage d'une troupe en fractions ou éléments ayant chacun un rôle à remplir, et qui ne sont pas liés entre eux par des intervalles ou des distances fixes, mais par l'idée du but commun à atteindre; ces éléments sont les groupes de combat.

Echelons. — Ce sont les différents éléments d'une troupe placés les uns en arrière des autres, se débordant en totalité ou en partie, liés entre eux en vue d'un objectif unique.

Manœuvre. — Se dit de la disposition ou de l'ensemble des dispositions que le chef adopte avant, pendant et après le combat pour dominer l'adversaire.

Commandements : D'avertissement, qui sert de signal pour attirer l'attention; préparatoire, qui indique le mouvement à exécuter; d'exécution, qui détermine l'exécution :

GARDE A VOUS. — *Portez* — Armes.

Définitions du service en campagne.

Ordre. — S'entend des décisions du commandement données aux subordonnés.

Compte rendu. — Se dit de la relation sommaire d'un fait ou d'une situation, soit verbalement, soit par écrit.

Rapport. — Se dit d'une relation détaillée, *rédigée* aussitôt que possible après les événements qui en font l'objet.

Liaisons. — Ont pour objet de coordonner les efforts en assurant la continuité de relations entre les diverses troupes ou éléments de troupe qui participent à une même action.

Marches. — Mouvements préliminaires des troupes avant le combat.

Stationnement. — Situation des troupes arrêtées au cours des marches.

Cantonnement. — Troupes stationnées occupant des lieux habités.

Bivouac. — Troupes stationnées installées en plein air ou sous des abris improvisés.

Cantonnement-bivouac. — Troupes stationnées, dont une partie des éléments est cantonnée et l'autre bivouaquée.

Cantonnement d'alerte. — Troupe installée par groupes en vue d'un départ rapide.

Camps. — Troupes installées en dehors des lieux habités, pour un séjour prolongé, au moyen d'abris, de tentes ou de baraques.

Campement. — Se dit de l'ensemble du personnel chargé de reconnaître et de préparer le stationnement.

Garde de police. — Détachement chargé d'assurer l'ordre dans les lieux de stationnement.

Sûreté. — Service chargé de garantir la liberté d'action du commandement et de protéger les troupes en marche ou en stationnement contre les surprises.

Avant-garde. — Troupe chargée de déblayer les obstacles pour faciliter la route aux colonnes ou d'attaquer l'ennemi au besoin pour l'obliger à montrer ses forces.

Arrière-garde. — Troupes chargées de permettre au gros de la colonne d'échapper à l'étreinte de l'ennemi et d'éviter le combat.

Flanc-garde. — Troupes destinées à protéger les flancs ou le flanc découvert d'une colonne.

Avant-postes. — Troupes chargées de surveiller et de résister au besoin pendant le stationnement des troupes.

Du mot. — Le mot est l'ensemble des deux noms : le premier, qui forme le mot d'ordre, est le nom d'un grand homme, d'un général célèbre ou d'un brave mort au champ d'honneur; le second, qui est appelé mot de ralliement, est le nom d'une bataille, d'une ville, d'une vertu guerrière ou civile.

Petits postes. — Détachements chargés de surveiller un secteur déterminé du terrain en avant des avant-postes.

Patrouilles. — Détachements chargés de surveiller ou de fouiller, en avant des avant-postes, un secteur de terrain compris, en principe, entre des petits postes.

Rondes. — Gradés accompagnés de quelques hommes, pour s'assurer que les petits postes et les patrouilles font leur service avec vigilance, de jour et surtout de nuit.

Sentinelles. — Hommes détachés des petits postes, autant que possible à portée de la vue ou de la voix, ordinairement par deux (sentinelles doubles). La sentinelle simple est celle placée devant le poste, lorsqu'il y a plusieurs sentinelles doubles, ou devant un poste.

Mot d'ordre. — C'est le mot qui est donné à un chef de détachement, chef de poste ou de patrouille, pour se faire reconnaître d'une troupe, d'une patrouille ou d'un poste.

Mot de ralliement. — C'est le mot donné aux sentinelles pour reconnaître les troupes amies de celles ennemies.

Parlementaire. — Officier ennemi chargé de transmettre des dépêches du commandement ennemi.

Déserteur. — C'est un traître à son pays qui passe dans le camp adverse.

Indices.

Poussière. — Les nuages de poussière qui s'élèvent indiquent une colonne en marche. De sa direction, on peut souvent conclure la direction d'une colonne. La poussière soulevée par l'infanterie est basse; celle soulevée par la cavalerie est haute et légère; celle soulevée par l'artillerie est haute et épaisse.

Reflets. — Les reflets du soleil sur les armes, le campement, les objets brillants, indiquent une troupe en mouvement.

Pendant la nuit, les effets intermittents de lumière sont généralement des signaux.

Feux de bivouac. — L'intensité de la fumée pendant le jour, l'éclat et le nombre des feux pendant la nuit ou leur reflet sur le ciel peuvent indiquer l'emplacement ou l'importance d'un bivouac.

Bruits divers. — Le roulement des voitures, les aboiements prolongés des chiens dans un village indiquent généralement un passage de troupes.

Traces. — Les traces de pas, les empreintes laissées par les chevaux ou les voitures peuvent servir à reconnaître la direction des colonnes ou leur composition.

Bivouacs abandonnés. — Les emplacements abandonnés permettent de reconnaître la force et la composition des troupes qui ont bivouaqué. Les traces de feux dans les villages ou sur les routes, les inscriptions ou marques faites sur les maisons indiquent le passage des troupes.

Population. — Dans le voisinage de l'ennemi, les habitants en pays ami sont inquiets; en pays ennemi, ils sont souvent insolents.

Coups de feu. — Quand on se trouve en arrière d'une troupe faisant feu, on n'entend qu'une seule détonation par coup de fusil. Au contraire, quand on est en avant ou sur le flanc d'une troupe qui tire, ou quand on essuie son feu, chaque coup de fusil laisse entendre deux détonations; la première est stridente et semble provenir d'une autre direction que celle du tireur; la seconde est sourde ou du moins assez faible, elle seule indique la véritable direction du coup de feu tiré.

Orientation et reconnaissance du terrain.

Orientation.

L'orientation donne le moyen de savoir dans quelle direction l'on se trouve par rapport à la ligne Nord-Sud, et permet ainsi de parcourir un terrain inconnu et d'arriver à destination sans s'égarer.

On peut reconnaître la direction du Nord par trois procédés principaux :

Au moyen du soleil;

Au moyen de l'étoile polaire;

Au moyen de la boussole.

Pour reconnaître la direction du Nord au moyen du soleil, on tourne, à midi, le dos au soleil. Le prolongement sur l'horizon de l'ombre projetée par le corps donne la direction du Nord.

En regardant le Nord, on a le Sud derrière soi, l'Est à sa droite, l'Ouest à sa gauche. Le Nord, le Sud, l'Est et l'Ouest sont ce qu'on appelle les quatre points cardinaux.

Entre les directions principales données par les points cardinaux se trouvent les directions intermédiaires suivantes : à droite et en avant, le Nord-Est; à droite et en arrière, le Sud-Est; à gauche et en arrière le Sud-Ouest; à gauche et en avant le Nord-Ouest.

Le soleil est à l'Est à 6 heures du matin.

Au Sud-Est à 9 heures du matin.

Au Sud, à midi.

Au Sud-Ouest à 15 heures.

A l'Ouest à 18 heures.

Par suite, en regardant le soleil à ces différentes heures, on détermine, par la ligne prolongée de l'ombre, les directions de l'Est à l'Ouest, du Sud-Est au Nord-Ouest, etc...

Quand la nuit est belle et que les étoiles sont apparentes, on peut s'orienter à l'aide de l'étoile polaire, qui donne constamment la direction du Nord.

Pour reconnaître l'étoile polaire, il faut d'abord trouver la constellation du Grand Chariot ou Grande Ourse, composée de sept étoiles. En imaginant une ligne passant par les deux étoiles de derrière du Grand Chariot, AB, et la prolongeant vers le haut du Chariot, on rencontre l'étoile polaire, très reconnaissable parce qu'elle est isolée dans cette partie du ciel et brille d'un éclat particulier.

L'étoile polaire est la dernière étoile d'une constellation qu'on nomme le Petit Chariot ou Petite Ourse.

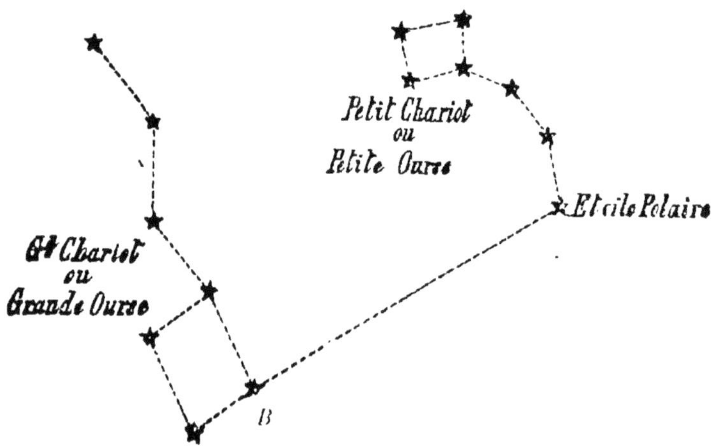

Quand le soleil n'est pas visible ou que la nuit n'est pas claire, on peut s'orienter à l'aide de la boussole.

La boussole est constituée par une aiguille aimantée renfermée dans une petite boîte. Des deux extrémités de l'aiguille, l'une est blanche, l'autre bleue; cette dernière possède la propriété de se diriger toujours vers le Nord.

On peut aussi s'orienter quand le soleil est visible en se servant d'une montre.

Il suffit de placer sa montre horizontalement devant soi, comme une boussole, et de la tourner de telle sorte que la petite aiguille tournée du côté du soleil couvre exactement son ombre. La bissectrice de l'angle formé par la petite aiguille avec la ligne midi-six heures donne la direction du sud.

Par les temps couverts de jour et de nuit, on s'oriente par renseignements; on interroge les habitants pour savoir d'eux de quel côté le soleil se couche et de quel côté il se lève. Ces renseignements obtenus, on se place de manière à présenter la droite au levant et la gauche au couchant. On a alors le Nord devant soi.

Terrain. — Définitions.

Le terrain est la surface du sol avec l'ensemble des dispositions variées qui s'y trouvent. Ces dispositions sont de deux sortes : naturelles, telles que montagnes, bois, eaux, etc...; artificielles, telles que lieux habités, routes, chemins de fer, canaux, etc...

Terrain découvert. — C'est celui dont aucun obstacle ne gêne la vue.

Terrain couvert. — C'est celui avec des bois, des haies, des maisons, etc..., qui empêchent de voir au loin.

Terrain coupé. — C'est celui où des obstacles gênent le libre parcours.

Montagne. — C'est une élévation du sol d'une hauteur considérable.

Colline. — C'est une élévation du sol moins considérable.

Mamelon. — Cest une colline isolée dont la partie supérieure est arrondie.

Croupe. — C'est une surface du sol arrondie en forme de dos d'âne incliné.

Crête. — C'est le sommet d'une élévation.

Versant. — C'est la pente qui s'étend du sommet à la base d'une montagne.

Col. — C'est le point où la crête d'une chaîne de montagne s'abaisse et offre un passage d un versant à l'autre.

Vallée. — C'est une dépression du sol séparant deux montagnes ou collines voisines, au fond de laquelle viennent se réunir les eaux.

Vallon. — C'est une petite vallée.

Ravin. — C'est un vallon dont les bords sont escarpés.

Défilé. — C'est un passage resserré entre deux obstacles.

Plaine. — C'est une certaine étendue de terrain

qui ne présente à l'œil ni ondulation, ni accident marqué.

Forêt. — C'est une grande étendue de terrain plantée d'arbres.

Bois. — C'est une étendue moins considérable.

Futaie. — C'est une partie de bois plantée de grands arbres, sous lesquels on peut circuler aisément.

Taillis. — C'est une partie de bois plantée d'arbres peu élevés, parfois difficile à traverser.

Lisière. — C'est le bord d'un bois.

Saillant de bois. — C'est une étendue de bois qui se détache de la masse principale pour former une pointe en avant.

Rentrant de bois. — C'est, au contraire, une échancrure à l'intérieur, formée par la lisière d'un bois.

Clairière. — C'est une partie de bois dégarnie d'arbres.

Eaux. — Les eaux se divisent en cours d'eau qui, selon leur degré d'importance, sont : les fleuves, les rivières, les ruisseaux; et en eaux stagnantes qui sont : les lacs, les étangs, les mares, les marais.

Rives. — Ce sont les bords du cours d'eau.

Berges. — C'est le nom donné aux rives quand elles sont escarpées.

Largeur. — C'est la distance qui sépare les rives.

Rive droite. — C'est celle qui se trouve à la droite d'une personne qui descendrait le cours d'eau; cette personne aurait à sa gauche, la rive gauche.

Lit. — C'est le fond du cours d'eau; suivant sa nature on le dit vaseux, marneux, de sable, de gravier.

Niveau de l'eau. — C'est la surface du cours d'eau.

Profondeur. — C'est la distance qui existe entre la surface et le fond.

Amont. — Un point est en amont de celui où l'on se trouve quand, pour l'atteindre, il faut remonter le courant.

Aval. — Il est en aval, quand pour l'atteindre, il faut descendre le courant.

Gué. — C'est tout endroit d'un cours d'eau où l'eau est assez basse pour permettre de le traverser en marchant.

Guéable. — C'est quand un cours d'eau peut être passé à gué sur plusieurs points du parcours.

Navigable. — C'est quand un bateau peut y naviguer.

Canal. — C'est un cours d'eau creusé de main d'homme.

Ecluse. — C'est une construction en maçonnerie établie sur un cours d'eau pour retenir ou lâcher les eaux.

Barrage. — C'est une construction jetée au travers d'un cours d'eau, généralement près d'une écluse, pour élever le niveau de l'eau; elle offre souvent un moyen de passage.

Eaux stagnantes. — Ce sont celles situées au milieu des terres qui forment, suivant qu'elles sont plus ou moins considérables, des lacs, des étangs, des mares. Les marais sont des terrains recouverts d'une couche d'eau plus ou moins profonde, suivant la saison, et généralement impraticables.

Ponts. — Ce sont des constructions qui servent à franchir les cours d'eau.

Ponts fixes. — Ce sont des constructions de pierre, de bois, de fer ou de matériaux combinés, élevées d'un bord à l'autre d'un cours d'eau pour le traverser. On y distingue, les *piles*, massifs de maçonnerie ou de charpente de bois ou de fer enfoncés dans le lit du cours d'eau; les *arches*, qui sont la partie d'un pont sous laquelle les eaux passent, elles sont soutenues par les piles qu'elles relient; le *tablier*, qui repose sur les arches, La partie du tablier comprise entre deux piles se nomme *travée.* Le tablier sert au passage; il est bordé de chaque côté par des *parapets.*

Ponts suspendus. — Ce sont des ponts qui ne reposent pas sur les piles et ont leur tablier suspendu et soutenu par des chaînes ou des fils de fer.

Ponts flottants. — Ce sont des ponts établis sur des bateaux, des radeaux, des tonneaux.

Ponts sur chevalets. — Ce sont des ponts établis

sur des chevalets qui reposent au fond du cours d'eau.

Bac. — C'est un grand bateau plat, qu'on hèle au moyen d'un câble tendu d'une rive à l'autre.

Lieux habités. — Ce sont ceux qui servent à abriter les hommes, les animaux, le matériel, etc... Ils se composent d'habitations isolées, telles que châteaux, fermes, usines, moulins, stations de chemin de fer, de hameaux, de villages, de bourgs et de villes.

Voies de communication. — Ce sont les routes, les chemins, les sentiers, les chemins de fer. Suivant leur importance, les routes sont classées en routes nationales, routes départementales, chemins vicinaux, sentiers.

Chaussée. — C'est la partie centrale de la voie sur laquelle passent les voitures; elle est empierrée ou pavée.

La largeur des routes et des chemins, fossés non compris, varie ordinairement : pour les routes nationales de 10 à 14 mètres; pour les routes départementales de 8 à 10 mètres; pour les chemins vicinaux de 6 à 8 mètres.

Sentier. — C'est un chemin étroit, qui ne sert qu'aux piétons et aux cavaliers isolés.

Route à niveau. — Lorsqu'une voie se trouve au même niveau que le terrain environnant, elle est dite « à niveau »; quand elle est plus basse, on la dit *en déblai* ou *en tranchée;* plus haute, *en remblai;* enfin, elle est dite *à flanc de coteau,* quand elle parcourt le versant d'une élévation de terrain, de manière à avoir l'un de ses côtés en déblai et l'autre en remblai.

Bornes et poteaux indicateurs. — Ils donnent des indications sur les distances et les directions. En France, en Allemagne, en Autriche, en Italie et en Belgique, ces distances sont exprimées en hectomètres et en kilomètres. Le mille allemand vaut 1 km. 500 environ.

Carrefour. — C'est un point où se croisent plusieurs routes ou chemins.

Chemins de fer. — Ce sont des voies de communication formées de deux rails ou bandes de métal parallèles, sur lesquelles roulent des voitures. Ils se composent essentiellement : des rails, des traverses, du ballast.

Reconnaissance du terrain.

Les détails sur lesquels l'attention doit se porter principalement, dans une reconnaissance de terrain, sont les suivants :

Routes et chemins. — Etat de viabilité; pentes, largeur du front sur lequel on peut passer; bordées de haies, d'arbres ou de fossés; s'ils vont droit ou s'ils serpentent; en remblai, en déblai ou à flanc de coteau; terrains traversés; rivières, ponts, défilés, lieux habités qu'ils traversent ou qu'ils longent.

Chemins de fer. — Tunnels, ponts, en remblai, en déblai, points de passage, nombre de voies, leur état, vérification de la largeur, gares, quais d'embarquement, changement de voies, signaux, réservoirs à eau, télégraphe, approvisionnement de charbon, nombre de wagons et de locomotives, classement du matériel roulant.

Cours d'eau. — Points de passage les plus favorables aux troupes des différentes armes. Largeur, profondeur, nature des rives, leur escarpement, leur élévation relative, position des ponts, leur mode de construction, bacs ou gués (les gués sont généralement situés en aval des coudes de la rivière et leur position est presque toujours indiquée par un chemin qui aboutit à la rivière et se prolonge de l'autre côté; direction, nature du fond et largeur des gués; leur profondeur, qui ne doit pas excéder pour l'artillerie $0^{m},65$, pour l'infanterie 1 mètre ($0^{m},80$ si le courant est rapide), et pour la cavalerie $1^{m},20$; lieux habités situés sur les bords du cours d'eau; ressources en bateaux, bacs et matériaux qui peuvent s'y trouver. Etat et largeur des chemins qui longent le cours d'eau.

Canaux. — Largeur, points de passage. écluses, déversoirs, barrages, état et largeur des chemins qui les longent.

Digues. — Leur nature, leur hauteur, leur épaisseur (1).

Défilés. — Longueur, largeur, viabilité, nature des hauteurs dominantes et des débouchés; moyens de rétablir ou d'intercepter le passage.

Forêts et bois. — Etendue, situation par rapport à la route suivie; voies de communication qui les traversent; nature de forêt ou du bois; futaies, taillis, lieux habités, hauteurs qui peuvent exister aux alentours.

Hauteurs. — Situation, élévation, nature, pentes; moyens d'atteindre leur sommet ou de les franchir.

Plaines. — Etendue; nom et nombre des villages que l'on aperçoit, nature des terrains et des cultures, bouquets de bois, clôtures, cours d'eau ou marais, fossés larges et profonds ou chemins creux, obstacles qui peuvent gêner les mouvements de troupes.

Lieux habités. — Situation et importance; ressources de toutes natures qu'ils renferment pour la nourriture, l'entretien et le cantonnement des troupes; moyens de transport qu'ils peuvent fournir; établissements hospitaliers, disposition des principales maisons, des églises, cimetières, etc..., châteaux, usines, gares de chemins de fer, postes télégraphiques.

Cantonnement.

Lorsque tu seras cantonné chez l'habitant, soldat, rappelle-toi, que ce « chez-toi » momentané est le « chez-lui » peut-être d'un de tes camarades sous les drapeaux comme toi, et ne manque pas de te comporter à l'égard des habitants et de la maison comme si elle t'appartenait, en ne causant aucun dégât ni dommage.

---

(1) Pour franchir un cours d'eau sur la glace, il est nécessaire que l'épaisseur de celle-ci soit au moins de 0m.05 pour les hommes isolés; 0m,09 pour des hommes marchant par files espacees; 0m,12 pour la cavalerie; 0m.14 pour l'artillerie de campagne à bras; 0m,16 pour l'artillerie de campagne attelée.

Sois poli avec tes hôtes, respectueux envers les femmes et les vieillards, et, au lieu d'être pour eux une charge trop lourde, aide-les au contraire, si tu le peux.

Tes droits sont très restreints, en campagne, où vous serez parfois dix, quinze et même plus dans chaque maison, dans chaque ferme... un coin dans la grange avec un peu de paille. de l'eau au puits ou à la borne-fontaine, et c'est à peu près tout ce que tu dois exiger...; mais les habitants, avec leur bon cœur habituel, te donneront bien quelques suppléments, des facilités diverses; sois reconnaissant pour ces braves gens, qui souvent donneront plus qu'ils ne peuvent, et remercie-les au départ.

En pays ennemi, tu n'abuseras pas de ton avantage, mais tu sauras, au besoin, faire respecter ton uniforme, sans violence inutile et sans barbarie, en te rappelant que les troupes françaises ont été souvent victorieuses dans toutes les parties du monde, mais n'ont jamais mérité le titre de « barbares » que nos ennemis viennent de conquérir par leurs crimes et leurs atrocités.

Profite de ton séjour au cantonnement pour nettoyer tes effets, tes armes, et suis les conseils d'hygiène que nous te donnons ci-dessous :

Hygiène du soldat en campagne.

RECOMMANDATIONS GÉNÉRALES POUR LES MARCHES.

Avant de faire une marche, les hommes s'assurent que leurs effets ne les gênent pas. Ils veillent surtout à la chaussure, qui doit avoir été portée et brisée au pied.

Les pieds doivent être l'objet de soins constants; dès qu'une partie quelconque est pressée douloureusement, il faut, à la première halte, remédier à la gêne produite en quittant les chaussures, s'il est possible, et graisser fortement la partie blessée et la partie qui frotte.

Il ne faut pas se laver les pieds à grande eau. Chaque jour. à l'arrivée, on doit les nettoyer avec un linge légèrement humide. En temps ordinaire, on distribue, à cet effet, aux hommes des effets de linge ou de treillis hors d'usage. Les hommes qui ont des ampoules se présentent à l'infirmier de service qui a reçu à ce sujet des instructions du médecin.

Pendant les marches, en été, il faut boire, mais en petite quantité. L'absorption rapide de grandes quantités d'eau est souvent suivie d'accidents graves. A la grand'halte ou à l'arrivée, il est prudent de manger un peu avant de boire.

Le cavalier, avant et pendant la marche, doit s'abstenir de boissons alcooliques, s'il veut conserver sa vigueur physique et résister à la fatigue.

Autant que possible, on ne part pas à jeun; on réserve toujours quelque aliment pour la grand'-halte; il ne faut manger des fruits, même très mûrs, qu'avec modération.

On évite, au repos, les endroits humides ou trop frais, et, si l'on est en transpiration, on se prémunit contre le vent; on se donne du mouvement si l'on sent que l'on se refroidit, et on se garde de s'étendre sur l'herbe.

Lorsque le soleil est trop ardent, il faut se garantir la tête avec un mouchoir, en l'interceptant entre la tête et la coiffure, de telle manière que la partie postérieure fasse l'office de couvre-nuque.

A la suite d'une longue marche, d'un exercice fatigant, après la pluie, et particulièrement pendant les grandes chaleurs, on ne doit pas se dévêtir en arrivant, à moins que l'on ne veuille changer de linge; dans ce cas, on le fait sans perdre de temps et en se garantissant des courants d'air.

Il importe d'éviter soigneusement qu'après un travail qui les a mis en transpiration, les hommes soient exposés à un refroidissement, soit par suite d'une immobilité de longue durée et de la nécessité de conserver sur le corps des effets mouillés, soit par suite du stationnement dans une cour, dans un corridor exposé au vent.

Le soir, on doit se déshabiller pour se coucher si l'on dispose d'un lit, les membres reposent mieux et le corps reprend sa souplesse. Si l'on n'a pas de lit, il faut ôter sa chaussure, se déshabiller en partie, ou tout au moins desserrer toutes les parties des vêtements et se coucher le mieux possible, en évitant les courants d'air. On se couche tôt pour se reposer le nombre d'heures nécessaires.

Dans les bivouacs, on doit se coucher, autant que possible, sur de la paille, du foin, ou des copeaux;

il ne faut pas se dévêtir, il est bon de se couvrir la tête avec le bonnet de police, en le rabattant sur les yeux.

RECOMMANDATIONS SPÉCIALES POUR L'HIVER.

Le port des tricots, caleçons de laine, gilets et ceintures de flanelle est recommandé. Chaque homme a une paire de gants de laine. Les vêtements sont bien boutonnés et fermés aux poignets et au cou, pour emprisonner l'air déjà échauffé, en contact avec le corps. Les chaussures sont soigneusement graissées pour être rendues imperméables, dans aucun cas on ne doit les faire sécher près du feu.

Les hommes ne se mettent en marche, le matin, qu'après avoir pris une partie du café; ils emportent l'autre partie dans les bidons. La ration alimentaire est augmentée.

Pour dormir, les hommes se couvrent le nez et les oreilles avec le bonnet de police ou le cache-nez, et placent les pieds dans la couverture, les extrémités du corps étant particulièrement exposées à la congélation.

On se protège de cet accident par les mouvements et les frictions, si quelque partie du corps commence à devenir douloureuse sous l'action du froid.

TROUPES CAMPÉES OU BIVOUAQUÉES.

L'intérieur des tentes doit être tenu dans le plus grand état de propreté. Le sol ne doit pas être creusé, mais décapé seulement; on extrait les herbes et les racines, on creuse une rigole au pied de la tente pour l'écoulement des eaux et on ménage un rebord, sur lequel on puisse étendre les effets quand il fait beau.

Si de la paille est distribuée, on la répartit sur le sol intérieur, principalement sur la partie où les hommes doivent placer la tête; si l'on n'a pas de paille, on ramasse de l'herbe sèche, de la mousse, du foin, des feuilles sèches, pour éviter le contact du sol.

Il ne faut jamais se coucher sur les plantes aromatiques ou odorantes, ni sur les joncs ou plantes vertes qui croissent dans les endroits marécageux.

Dès que le soleil paraît, les tentes sont ouvertes et relevées du côté du soleil, la paille est remuée et exposée au grand air, les effets sont sortis, étendus, battus, ainsi que les couvertures.

La tente et les alentours sont balayés avec soin; les ordures sont portées au loin, brûlées ou enterrées; il est défendu d'uriner auprès des tentes et de sortir la nuit de la tente sans être chaussé et suffisamment vêtu.

La vie au bivouac exige des précautions très grandes; il faut se garantir le mieux possible du froid et de l'humidité et, la nuit, se tenir les pieds auprès du feu. On organise, si possible, avec des branchages, des abris contre le vent.

RECOMMANDATIONS SPÉCIALES POUR LES MARCHES PENDANT LA CHALEUR.

Pendant les marches, lorsque la chaleur est forte, on fait ouvrir les rangs et marcher le plus possible sur les accotements des routes pour diminuer la poussière. On ralentit l'allure, tout en veillant à éviter les allongements.

Lorsque l'ordre en est donné, les hommes desserrent les cravates, dégrafent le col.

Avant de partir, les hommes doivent remplir leurs petits bidons avec de l'eau, additionnée de café si c'est possible.

La consommation de boissons alcooliques, avant le départ ou en cours de marche, prédispose aux accidents les plus graves d'insolation ou de coup de chaleur.

TROUPES CANTONNÉES.

Le cantonnement des troupes est l'installation des hommes, des animaux et du matériel dans les maisons, établissements, écuries, bâtiments ou abris de toute nature appartenant soit aux particuliers, soit aux communes ou départements, soit à l'Etat. Sans être astreint aux règles du logement, on utilise, dans ce cas, dans la mesure du nécessaire, la contenance des locaux, sous la réserve que les propriétaires ou détenteurs conservent le logement qui leur est indispensable.

Les hommes sont couchés dans des hangars ou des granges, sur de la paille.

Il est indiqué très exactement à la troupe les meilleures fontaines, sources, pompes ou puits de la commune, ainsi que ceux qui sont suspects; ces derniers sont consignés rigoureusement et un écriteau portant la mention « Défense de boire de cette eau » est placé en évidence près d'eux; on les fait au besoin garder par une sentinelle.

Il faut toujours se méfier des puits et pompes placés dans le voisinage des fosses d'aisance, des mares de ferme et des amas de fumier; leur eau contient souvent l'agent infectieux de la fièvre typhoïde ou de la dysenterie.

ÉTABLISSEMENT DES FEUILLÉES.

Toute troupe qui cantonne, campe ou bivouaque doit établir des feuillées suivant les prescriptions réglementaires.

Les feuillées doivent être éloignées des points d'eau, sources, puits, canalisations; elles doivent être désinfectées avec de la chaux journellement.

Il faut éviter les indiscrétions.

Que ce soit au stationnement, que ce soit au cours des marches, il est interdit d'abandonner aucun papier, lettre, carte, etc..., sans le détruire.

Il est défendu aux militaires de tout grade de répondre à des questions qui seraient posées par des personnes étrangères à l'armée sur des sujets se rapportant de près ou de loin aux opérations militaires.

Dans la correspondance privée, soldat, il faut t'abstenir de donner toute communication relative aux emplacements de troupes, à leurs effectifs, à leurs mouvements et de mentionner la localité d'où tu écris tes lettres. Tu éviteras, en donnant le récit des affaires auxquelles tu as pris part, de noircir le tableau que tu en feras aux tiens, en gardant pour toi les souffrances inhérentes à la guerre, que tu dois supporter stoïquement, en silence, en bon Français.

Par contre, tu observeras attentivement lorsque tu auras à remplir une mission, afin de pouvoir donner à tes chefs le plus d'indications possibles sur l'ennemi ou sur les opérations qui se dérouleront devant tes yeux.

Si tu fais un prisonnier, tu le fouilleras aussitôt, afin de pouvoir recueillir de suite les renseignements dont il pourrait être porteur.

Aux tranchées.

La guerre de campagne, la guerre de mouvement étaient seules dans le tempérament français. Lorsque tu jouais au soldat dans ton enfance, grand soldat d'aujourd'hui, tu rêvais des chevauchées immenses, tu voyais des cavaliers innombrables galoper à travers champs, de brillants officiers tout chamarrés d'or à leur tête. La campagne actuelle a bien commencé ainsi. Mais bientôt, après notre glorieuse victoire de la Marne, cette victoire qui aura décidé de la guerre, les Allemands, sentant peser sur eux notre main de fer, abandonnèrent tout mouvement et se terrèrent. La guerre de tranchées commençait. Des ennemis blessés mortellement nous l'ont imposée, parce qu'ils espéraient ainsi nous lasser et nous détruire. Mais nous avons été aussi forts qu'eux et nous nous sommes parfaitement adaptés à leur nouvelle méthode de combat.

Pourtant, c'est là que ton calvaire commence vraiment, soldat. Le premier conseil à te donner ici, c'est la patience. Caché derrière le parapet, les pieds dans l'eau, couvert de boue, il te faut attendre. Tu attendras patiemment l'heure de la délivrance qui sonnera bientôt, espérons-le. Tu as été amené progressivement de la caserne à la zone de l'arrière, puis de la zone de l'arrière à la ligne de feu. Là, tu es resté d'abord un peu loin. On t'a habitué au son du canon et à l'arrivée des marmites. Puis, un beau jour, tu es désigné pour les tranchées. On fait la relève et tu es choisi pour aller faire face aux Boches.

Tu y vas avec tout ton chargement. Fais ton sac avec circonspection et n'oublie rien. Tu peux avoir besoin de bien des choses. Le ravitaillement en première ligne est plus ou moins bien assuré parfois, en raison des circonstances : il faut compter avec tous les aléas. Ne néglige donc aucun objet nécessaire. Ne te charge pas inutilement, mais ne crains pas de te charger si l'objet que tu emportes peut éviter une souffrance ou te procurer un adoucissement.

La relève est une des opérations principales de la vie de tranchées. En raison de la proximité des lignes ennemies, elle ne peut se faire que la nuit. En silence et avec le moins de bruit possible, les compagnies se glissent jusqu'aux boyaux d'accès. Et c'est l'entrée dans des couloirs interminables, jusqu'à ce qu'on atteigne les premières lignes. Lorsque tu y arriveras pour la première fois, soldat, ton cœur battra un peu, une émotion te serrera la gorge. Souviens-toi alors que tu es en face des barbares, qu'il faut les empêcher de passer, qu'un jour il faudra les chasser et que la France attend tes actes. Elle te sait héroïque et elle compte sur toi.

Tu as déjà vu, dans ta garnison et dans les camps d'instruction, des tranchées. Tu en as creusé. On t'a initié à cet art nouveau. Mais, tout de même, là, ce n'est pas la même chose. Il a fallu prendre des précautions spéciales, faire des aménagements de fortune, rendre la vie possible dans cette terre. Lorsque tu y seras, tu t'ingénieras toi-même pour créer des améliorations. Tu as des aptitudes spéciales, tu sais manier le fer ou le bois. Là, la division du travail s'opère d'elle-même et chacun fait profiter la collectivité de ses aptitudes personnelles.

En général, les secteurs de combat sont organisés de manière semblable: on compte presque toujours une, deux ou trois lignes de tranchées-abris de largeur inégale, assez étroites cependant, reliées entre elles par des cheminements creusés en zigzag et rattachées en dernier lieu à une ligne de tranchées particulièrement fortifiée.

C'est là que tu vas vivre pendant une période variable, mais presque toujours assez courte. C'est là que tu vas être exposé directement au feu de l'ennemi.

En fait, tu n'as, dès lors, qu'à exécuter les ordres de tes chefs et à faire simplement mais vaillamment ton devoir.

Nous te donnerons pourtant quelques conseils.

D'abord, chasse l'ennui. Par ta volonté, entretiens en toi un moral excellent et contribue par ton attitude à entretenir celui des autres. Si une dépression se fait en toi — cela arrive au plus brave — ne la laisse pas s'extérioriser. Autant que possible aussi, prends soin de ta personne. Dès que tu pourras trouver de l'eau, disposer d'un instant, pense à ton corps et entretiens-le en bon état.

Tiens tes armes toujours prêtes, afin de n'être jamais pris au dépourvu. Si, lors de la relève, tu as introduit dans le canon de ton fusil un tampon quelconque, ne manque pas de l'enlever dès ton arrivée.

Souviens-toi qu'il ne faut pas de bruit, pas de feu, pas de lumière. Ne fais pas de vaillance inutile. Observe les ordres. Exécute-les avec calme. Ne fais pas de gestes dangereux pour le plaisir ou par bravade. La France a plus que jamais besoin que ses enfants se ménagent, et ne lui donnent leur vie qu'à bon escient.

Si une attaque se produit contre tes tranchées, reste très calme. Prépare ton masque contre les gaz. Tiens-toi prêt à toutes les éventualités. Et place ton coup de fusil à coup sûr.

Si l'assaut est donné pour la conquête de tranchées, fonce sus à l'ennemi, et va de l'avant avec furie, sans regarder en arrière. La gloire est devant toi.

Si tu es désigné, la nuit. pour une patrouille ou pour une mission quelconque, suis point par point toutes les recommandations que pourraient te faire tes officiers.

Mais tout cela est en toi, soldat. D'instinct, tu le sais. Tu deviendras vite un troglodyte accompli. Et c'est pour cela que, nous fiant à ton initiative, nous ne t'en dirons pas plus long à ce chapitre.

Propriété et rôle de l'infanterie.

L'infanterie, dénommée « la Reine des batailles », est l'arme principale. Elle conquiert et conserve le terrain. Elle chasse l'ennemi de ses points d'appui.

Une solidarité complète doit cependant exister entre les diverses armes, qui toutes concourent au même but : *la victoire.*

L'infanterie est apte à combattre en tous temps, de jour comme de nuit, et sur tous les terrains. Elle agit par le feu, par le mouvement, à l'arme blanche.

Seul le mouvement en avant, poussé jusqu'au corps-à-corps, est décisif et irrésistible; mais il faut, au préalable, que le feu de l'artillerie, efficace, intense, lui ouvre la voie.

C'est à la pointe de ta baïonnette, soldat, que tu feras preuve de tes qualités d'adresse et d'agilité, lorsque tu marcheras à l'assaut pour foncer sur le *Boche* qui redoute ta *Rosalie* et craint la lutte face à face, la lutte *à la française.* Mais il faut aussi que tu sois un bon tireur et c'est pour cela que tu seras attentif aux leçons et exercices de tir qui te seront donnés avant ton départ pour le front.

Il faut que tu sois souple, adroit à te servir de tes armes, entraîné à la marche et *solide au poste*, comme disent les vieux. Aussi tu profiteras de toutes les séances d'exercice, de toutes les marches et services en campagne, pour, en même temps que tu perfectionneras ton instruction, fortifier ton corps à la hauteur de ton âme qui est de la meilleure trempe, la trempe du soldat français.

Dans ce rapide exposé, nous n'avons pas voulu te donner les moyens de faire ton instruction, mais seulement te mettre en présence des situations individuelles qui pourront se présenter pour toi à la guerre.

Voyons :

Dans l'offensive.

Ta section déployée en tirailleurs, tu auras à faire preuve d'initiative individuelle, de sang-froid et d'ardeur. Tu devras être attentif aux ordres ou aux signaux de tes chefs, en restant toujours lié à tes camarades par la vue. Ton camarade de la même file devient alors ton camarade de combat; liés l'un à l'autre, et devant vous aider mutuellement jusqu'à la mort s'il le fallait, vous ne ferez qu'un à la bataille.

En marche, tout en suivant ton chef et la direction générale qui t'es donnée, tu profiteras chaque fois que tu le pourras des couverts du terrain.

Dans la progression par bonds, cours rapidement d'un point à un autre sans cependant trop de précipitation, sans quitter la direction d'attaque ni rompre l'alignement.

Tu tiendras toujours ton fusil à la main, le bout du canon en l'air, afin d'éviter, en cas de chute, d'obstruer le canon.

Pour tirer, tu prendras la position la plus favorable pour être abrité et tirer *juste*, en ayant bien soin de mettre la hausse indiquée par ton chef de section ou d'escouade.

Ouvre le feu sans précipitation, ne gaspille pas tes munitions; mieux vaut ne tirer qu'une seule cartouche, si la balle touche l'ennemi, que dix sans aucun but. Conserve jusqu'au moment de l'assaut ton magasin chargé.

Si tu es sous le feu de l'artillerie, tends l'oreille et, dès que tu entends le sifflement de l'obus, mets-toi à plat ventre; c'est un moyen d'être moins exposé aux éclats.

Si ton camarade est blessé, ne t'arrête pour le soigner que si tu en reçois l'ordre, les brancardiers sont là tout près qui vont venir le panser.

A l'assaut, marche et bondis sur l'ennemi que tu verras en face de toi et attaque le premier en fonçant avec furie. C'est toujours celui qui attaque le premier qui a l'avantage.

Ton ennemi, une fois à terre, blessé et sans défense, sois clément et respecte sa vie.

Si ton camarade hésite, encourage-le, réconforte-le.

Si tu vois un voisin en danger, porte-toi à son secours pour l'aider à se tirer d'affaire.

Après l'assaut, rallie-toi autour de tes chefs.

Si la situation est critique, ne recule pas d'un pas si l'ordre n'a pas été donné de se replier, et, plutôt que de céder du terrain, fais-toi tuer sur place, en criant : « Vive la France ! » Tu auras bien mérité de la patrie !

Cavalier, tout ce qui est dit ci-dessus te concerne également, toi qui as su si bien troquer le sabre pour la baïonnette !

Dans la défensive.

Il faut, sitôt arrêté, te protéger contre le feu de l'ennemi en utilisant les couverts, murs, arbres, etc., que tu rencontreras sur ta route. Si tu es en rase campagne, pose ton sac devant ta tête et couche-toi à côté de ton camarade qui fera de même, et, si l'ordre en est donné, commencez aussitôt tous deux à creuser les trous qui constitueront les premiers éléments de la tranchée que vous devrez activement pousser, si l'on doit rester plusieurs heures et même plusieurs jours sur la même position.

Il faut que tu sois habile à manier la pelle et la pioche; travaille sans relâche avec ton camarade de combat, chacun avec l'outil dont vous êtes porteurs.

N'ouvre le feu que lorsque l'ordre en est donné et, si tu as liberté d'action, ne tire qu'à bon escient ou lorsque tu dois pourvoir à ta propre défense.

Apprécie bien la distance, et rappelle-toi que la hausse de 400 mètres est celle dite « hausse de combat », répondant aux besoins du tir efficace contre l'infanterie jusqu'à 600 mètres, contre la cavalerie jusqu'à 800.

Tu profiteras de toutes les circonstances qui te seront données pour augmenter ta provision de cartouches, en prenant celles de tes camarades frappés et mis hors de combat.

Pour toi, cavalier, qui n'as pas de sac, utilise le plus possible le terrain et organise-toi rapidement pour te protéger dans la défensive.

Service de l'éclaireur.

Pendant les marches, et parfois pendant le combat, des hommes sont envoyés en avant et sur les flancs des troupes pour reconnaître le terrain. Ce sont des éclaireurs. Les éclaireurs de la pointe d'avant-garde, comme les autres, ont pour mission d'examiner le terrain dans la direction qui leur est indiquée, de reconnaître et au besoin de faire disparaître les obstacles rencontrés sur la route ou à proximité.

Personne ne doit dépasser un éclaireur dans un sens ou dans l'autre sans que le chef de pointe ait donné l'autorisation. L'éclaireur marche de point d'observation en point d'observation (tournants de route, hauteurs, défilés, ponts, bois, lieux habités) avec précaution, surtout à l'approche de l'ennemi, et en observant attentivement devant lui. Il ne poursuit sa marche, s'il aperçoit quelque chose d'anormal, que lorsque le chef de la pointe ou de la fraction dont il fait partie est venu se rendre compte par lui-même.

S'il est surpris, il fait feu pour se défendre et prévenir.

A l'approche des bois et des lieux habités, il est particulièrement prudent.

La nuit, en arrivant devant un village, il se glisse silencieusement jusqu'aux premières maisons et écoute; s'il le peut, il s'empare d'un habitant qui est aussitôt conduit au chef.

En arrivant à un pont, les éclaireurs examinent attentivement les abords, le dessus et les voûtes, pour rechercher si un travail de destruction n'a pas été préparé.

Dès que l'ennemi est aperçu, l'éclaireur appelle le chef, tout en continuant à observer.

Pour le cavalier, le rôle d'éclaireur, dans son arme, est le même; mais, opérant à cheval, s'il peut observer plus loin, il est aussi plus exposé à la vue de l'ennemi. Il lui faut donc profiter de la facilité qu'il possède de pouvoir aller vite pour aller d'un point d'observation à un autre point d'observation. Il doit aussi mettre pied à terre chaque fois qu'il doit y trouver un avantage pour mieux observer ou pour vérifier l'état d'un pont par exemple. A cet effet, les éclaireurs de cavalerie sont le plus souvent groupés par deux, marchent l'un à la file de l'autre, et ne se réunissent que pour se prêter un mutuel appui.

Dans chaque régiment d'infanterie, des cavaliers détachés des régiments de cavalerie, choisis pour remplir le rôle « d'éclaireurs de terrain », sont chargés plus spécialement de ce rôle d'éclaireur.

Service du patrouilleur.

Les patrouilles sont des détachements, de force variable, que les petits postes envoient en avant de la ligne des sentinelles, pour surveiller les parties du terrain qui échappent à la vue de ces derniers ou pour observer, plus en avant qu'elles, les mouvements de l'ennemi.

Détaché en avant ou sur le flanc d'une patrouille, le patrouilleur observe et écoute attentivement en évitant, surtout la nuit, de perdre le contact des autres éléments de la patrouille.

Il se replie sur elle s'il est attaqué, en évitant de faire feu et de se laisser couper, ou lorsque sa mission est remplie, et rend compte très fidèlement de tout ce qu'il a vu ou entendu par lui-même.

Le patrouilleur marche avec précaution, en se dissimulant le long des haies, des murs, etc..., sans bruit, s'arrêtant souvent pour écouter et s'orienter, et en ne perdant pas de vue le but précis de la mission qui lui a été donnée : itinéraire à suivre, points à ne pas dépasser. Il reçoit en communication le mot d'ordre et les signaux qui lui permettront de rentrer isolément dans le cas où la patrouille serait obligée de se disperser.

La nuit et par le brouillard, les patrouilleurs se tiennent autant que possible sur les chemins ou sentiers pour ne pas s'égarer, et font de fréquentes haltes pour écouter. Il leur est défendu de fumer et d'allumer du feu.

Service des sentinelles et des vedettes.

En sentinelle, seul devant un petit poste, ton rôle a pour objet de veiller à la sécurité du petit poste et, lorsqu'il y a d'autres sentinelles, à servir de trait d'union entre elles et le petit poste. Ta vigilance doit être constante, et tout ce qui te paraît anormal doit être signalé aussitôt.

Les autres sentinelles placées en avant des petits postes sont toujours doubles, c'est-à-dire constituées par deux hommes dont l'un « fixe » et observe, alors que l'autre se déplace pour surveiller les abords de l'emplacement occupé et se relier avec les autres sentinelles ou le petit poste, par la vue, par la voix ou par des signaux.

Au moment où on les pose, ou au moment où on les relève, les sentinelles doubles choisissent un point de repère fixe et apparent pour ne pas se tromper sur la direction à observer, surtout pendant la nuit; elles sont placées de préférence près des chemins ou au bas des pentes.

Les sentinelles doivent être attentives de l'œil et de l'ouïe. Il leur est interdit de s'envelopper la tête ou de se couvrir les oreilles. Elles se dissimulent le plus possible, sans cesser cependant de voir et d'entendre. Elles ont toujours l'arme approvisionnée prête à faire feu; la nuit, elles mettent baïonnette au canon.

Les sentinelles peuvent être autorisées à laisser leur sac au petit poste.

Elles ne tirent que si elles aperçoivent distinctement l'ennemi et s'il constitue un danger immédiat pour elles ou pour le petit poste. De nuit, elles ne peuvent ni s'asseoir, ni se coucher.

Elles ne rendent pas d'honneurs et ne se laissent pas distraire de leur observation par l'arrivée d'un supérieur.

Il leur est interdit de fumer, surtout pendant la nuit.

Lorsqu'elles sont relevées (toutes les deux heures ou toutes les heures si la saison est trop rude), les hommes de relève ont soin de se faire donner les consignes et les renseignements nécessaires pour continuer la mission d'observation.

Des signaux sont donnés pour communiquer avec le petit poste.

Personne n'étant autorisé à traverser la ligne des sentinelles, celles-ci ne laissent passer que les détachements ou isolés en mission accompagnés par le commandant du petit poste ou les personnes munies d'un laissez-passer.

Si un détachement ou un isolé se présente, de jour comme de nuit, pour pénétrer dans les lignes, les sentinelles crient : « Halte-là ! ». Si on ne s'arrête pas, elles crient comme deuxième avertissement : « Halte-là ! ou je fais feu ! ». Si l'on continue à avancer, malgré cette deuxième injonction, elles tirent.

Si on s'arrête, elles préviennent le chef du petit poste, mais ne se laissent pas approcher. Le chef du petit poste reconnaît alors par le cri de : « Qui vive ? » Quand il lui a été répondu : « France, soldat ou détachement de tel corps, patrouille ou ronde », ou quand les signaux convenus ont été faits, il crie : « Avance à l'ordre. » Lorsqu'un parlementaire (officier ennemi accompagné d'un trompette porteur d'un fanion blanc) se présente, les sentinelles l'arrêtent en dehors des lignes, le front tourné du côté opposé aux avant-postes et préviennent le chef du petit poste.

Si un déserteur ennemi se présente, les sentinelles lui ordonnent, par la voix ou par les gestes, de déposer leurs armes, de s'en éloigner, s'ils sont à cheval de mettre pied à terre et de dessangler les animaux; puis appellent le commandant du petit poste.

Si les déserteurs n'obéissent pas elles font feu.

Lorsque la sentinelle est un cavalier, elle prend le nom de « vedette ». Elle est simple ou double, selon qu'elle agit seule ou avec un autre cavalier.

Les vedettes doivent, plus encore que les sentinelles, prendre un point de repère pour observer, parce que les chevaux se tournent insensiblement dans le sens opposé au vent et à la pluie.

L'une est *fixe* et observe; l'autre est *mobile* et embrasse un champ d'observation plus grand en parcourant le front qui lui est assigné, en même temps qu'elle sert de liaison entre les autres vedettes et le petit poste.

Elles ne mettent pied à terre que si elles y ont été autorisées, et tiennent la carabine en travers sur la selle, pour pouvoir faire feu rapidement s'il est nécessaire, en cas de surprise, pour se défendre et prévenir.

Transmission des ordres.

Des ordres ou renseignements écrits, peu importants, peuvent être portés par des soldats, des plantons ou vélocipédistes, des cavaliers.

Tout porteur d'un ordre ou d'un renseignement écrit reçoit, avant de partir, l'indication de la vitesse à laquelle il doit marcher et de l'itinéraire à suivre.

Il se présente à son arrivée au destinataire et attend, s'il y a lieu, la réponse.

Le destinataire lui remet un accusé de réception de l'ordre reçu, ou l'enveloppe qui contenait le pli apporté, et sur lequel l'indication de réception est portée, avec la signature du destinataire, qui est remis à l'expéditeur de l'ordre ou du renseignement.

Si l'ordre ou le renseignement est verbal, avant de partir, il le répète à celui qui l'envoie. A son retour, il rend compte du moment et de l'endroit où il a pu accomplir sa mission.

Si tu tombes aux mains de l'ennemi, soldat, détruis comme tu le pourras ou avale le pli dont tu es porteur, et refuse de répondre, même au péril de ta vie, à toutes les questions qui te seront posées. Rappelle-toi qu'en faisant le sacrifice de ta vie, tu peux sauver l'armée et que tu sers ainsi jusqu'au bout ton pays !

Le cavalier chargé de porter un ordre ou un renseignement s'appelle *estafette*.

L'estafette doit, pour ménager sa monture, choisir, lorsqu'il le peut, le terrain le plus favorable, bas-côtés des routes, chemins de terre.

Comme souvent elle fait partie de reconnaissances avancées, l'estafette doit éviter les lieux habités et les couverts, pour ne pas être surprise par un ennemi dissimulé. Si elle est en vue et poursuivie, elle tâche d'échapper en gagnant de vitesse et en prenant alors la ligne la plus directe pour rejoindre les lignes amies.

A la *vitesse ordinaire*, une estafette doit marcher en moyenne 2 kilomètres de trot pour 1 kilomètre de pas; elle parcourt ainsi environ 10 kilomètres à l'heure. A la *vitesse accélérée*, elle parcourt 15 kilomètres à l'heure en marchant tout le temps au trot; et enfin, à la *vitesse rapide*, 20 kilomètres à l'heure en faisant la route au galop.

L'indication de la vitesse n'implique pas l'obligation absolue, pour les vitesses accélérées et rapides, de conserver la même allure pendant tout le parcours, sans arrêt ou changement d'allure. C'est une moyenne dans laquelle on doit rester, en compensant par une accélération les légers arrêts nécessaires à une longue route, lorsque l'on ne doit pas avoir de cheval de rechange.

Mais si le parcours est long et que l'on rencontre des troupes montées, l'on ne doit pas hésiter à demander au commandant de ces troupes un cheval de rechange, si le sien est fatigué. L'estafette recevra satisfaction aussitôt, ou sera remplacée par un autre cavalier pour porter la dépêche à destination.

Si tu es blessé.

Si tu es blessé, soldat, il se peut que ta blessure soit légère; dans ce cas reste à ton poste, tant que tes forces te le permettront, surtout si c'est au moment de l'assaut, et continue à te battre.

Si ta blessure t'a fait tomber ou te met hors

d'état de combattre, réprime tes plaintes qui pourraient impressionner tes camarades, attends avec courage d'être relevé par les brancardiers, si tu ne peux de toi-même te rendre au poste de secours. Si tu te trouves exposé aux rafales de tes ennemis, essaye de gagner un point mieux abrité, ou tout au moins gare-toi derrière ton sac, et amoncelle, dans la mesure de tes forces, de la terre en avant de toi pour te garantir le mieux possible.

N'oublie pas ensuite que tu es porteur d'un paquet de pansement, dont tu pourras peut-être faire usage avant l'arrivée d'un brancardier ou du médecin, selon la nature de ta blessure.

Parfois une simple ligature avec ton mouchoir sur ta blessure, peut arrêter l'hémorragie et te sauver la vie.

Mais ne compte pas sur le secours de ton camarade combattant, qui ne doit pas quitter sa place pour te secourir, car il doit combattre sans se laisser détourner de son devoir.

Au poste de secours, à l'ambulance, sois courageux pour supporter les pansements ou les opérations que comportera ton état. Sois patient et montre-toi reconnaissant aux médecins et infirmiers des soins dévoués et éclairés qu'ils te prodiguent.

Fais écrire ou écris à tes parents pour les rassurer, mais ne fais preuve ni d'abattement ni de faiblesse.

Conserve un bon moral; tu guériras et tu pourras bientôt reprendre ta place plus glorieuse encore dans la bataille. Une bonne et franche humeur et de la gaieté sont les meilleurs remèdes pour accélérer ta guérison.

Si, au cours de la campagne, tu es indisposé, lutte contre la maladie qui te cherche; elle n'a de prise que sur les faibles et terrasse rarement les volontés fortes.

Entretien des effets et des armes.

En campagne plus encore qu'à l'intérieur, soldat, veille d'une façon constante au bon entretien de ton équipement, de tes effets et particulièrement de tes armes.

Aie un soin spécial de tes chaussures que tu tiendras toujours graissées. Qu'il ne te manque pas un bouton et qu'aucun de tes effets ne soit décousu ou déchiré, ce qui te ferait juger comme un mauvais troupier. Que ton sac ou ton paquetage contienne bien tous les objets réglementaires, car ce qui est prescrit est rigoureusement indispensable. Tes petits vivres de campagne, qui y ont leur place, doivent être respectés comme une réserve précieuse qui ne sera utilisée que si le ravitaillement quotidien faisait défaut; aussi, en aucun cas, ne les consomme sans nécessité absolue.

Les quelques objets personnels que tu ajouteras à ton chargement doivent être réduits à la plus petite charge, que ce soit toi qui les porte dans ton sac, que ce soit ton cheval qui les reçoive.

Tes armes doivent être l'objet de soins assidus, car ce sont elles qui doivent t'aider à vaincre.

Tu connais le montage et le démontage de ton fusil; tu devras le tenir légèrement gras, et t'assurer chaque jour qu'il fonctionne parfaitement, que la vis de culasse est toujours serrée à fond et qu'aucun corps étranger ne s'est introduit dans le canon.

Si tu es armé du revolver, sois prudent avec cette arme dont le maniement est souvent dangereux pour les voisins. Vérifie que le barillet fonctionne facilement, tiens-le toujours très propre et légèrement graissé.

Si tu possèdes un sabre, qu'il soit bien affilé comme la baïonnette du fusil, et que les battes ne soient pas trop dures, pour pouvoir le sortir rapidement du fourreau au moment d'en faire usage.

Artilleur, tu soigneras ta pièce avec vénération; dans cette guerre actuelle, elle est plus que toute autre l'arme de la victoire.

Soldat, conserve précieusement ta provision de munitions et n'abandonne jamais tes cartouchières. Un guerrier sans cartouches est comme un chasseur sans fusil; les cartouches, en campagne, sont aussi précieuses que des vivres.

Les outils portatifs dont tu seras détenteur sont aussi des armes dans la guerre actuelle, car il te faudra être aussi bon pionnier que bon tireur.

Que tu sois porteur d'une cisaille, d'une pelle-pioche, d'une pelle-bêche, d'une hache à main, d'une serpe ou d'une scie articulée, veille à l'entretien et à l'arrimage de ces outils divers, et à la conservation de leurs étuis.

Tous les autres objets de ton paquetage, depuis

ta gamelle individuelle jusqu'à ta trousse de tailleur, jusqu'au morceau de savon nécessaire à ta toilette, doivent être vérifiés chaque jour et conservés avec un soin jaloux; ce sont des impedimenta indispensables, et dont tu aurais à souffrir si tu les perdais.

Alimentation.

Au cantonnement comme au bivouac, sois sobre et abstiens-toi de toute ingestion d'alcool qui excite, mais ne donne pas la force en en donnant l'illusion.

Ton alimentation sera assurée dans de bonnes conditions et, si tu sais utiliser judicieusement les rations qui te sont distribuées, tu auras suffisamment pour assurer ta subsistance. Sois ponctuel aux heures des distributions et des repas, et ainsi tu ne seras pas frustré dans tes droits.

Lorsque tu dois quitter le cantonnement, tu recevras les éléments de ton repas froid du lendemain, place-le dans ta gamelle avec précaution, et attends pour le manger que l'heure soit arrivée.

En le mangeant trop tôt, tu serais obligé de rester un temps beaucoup trop long avant le repas suivant, et tu souffrirais de l'estomac.

Ne pars jamais sans avoir ton bidon rempli d'eau, à défaut de vin coupé ou de café léger.

Au cours des marches, s'il fait très chaud, ne bois jamais que par petites quantités à la fois, surtout aux sources que tu peux rencontrer sur ta route, qui sont souvent très froides et peuvent déterminer des indispositions funestes.

Si tu es nourri chez l'habitant, ne te montre pas exigeant, sache te contenter du repas dont la composition t'a été indiquée. Evite de partir à jeun et, s'il n'a pas été distribué de café chaud, consomme la petite réserve que tu dois toujours constituer à cet effet la veille.

Il ne faut manger de fruits, même très mûrs, qu'avec discrétion.

Prescriptions spéciales à la cavalerie.

La cavalerie est par excellence l'arme de l'offensive et de la surprise.

Son action, faite d'audace, d'à-propos et de vitesse, se caractérise par la simplicité dans la conception et la vigueur dans l'exécution.

L'attaque à cheval et à l'arme blanche, qui seule donne des résultats rapides et décisifs, n'a pu, au cours de cette guerre, être utilisée comme nos cavaliers ardents auraient voulu le faire, car le uhlan comme le hussard de la mort excellent dans l'art de se défiler et de refuser le combat.

Aussi le combat à pied doit-il être plus que jamais envisagé comme moyen de combat de la cavalerie, qui, disposant de la vitesse, pourra opérer des diversions rapides et venir frapper là où l'ennemi s'y attend le moins.

La caractéristique de l'aspect du cavalier réside d'ailleurs dans la volonté d'attaquer l'ennemi par tous les moyens. Et c'est ainsi que, depuis seize mois, le cavalier s'est illustré dans les tranchées à l'exemple de son frère d'armes le fantassin.

Cependant, cavalier, le moment reviendra, qui n'est pas loin, où, l'ennemi refoulé, tu pourras de nouveau reprendre ton rôle essentiel, et te couvrir de gloire dans des charges héroïques et des poursuites effrénées.

La soudaineté de ton attaque et la violence de ton choc seront alors irrésistibles, et ton adversaire mordra vite la poussière.

Nous avons rappelé, au cours des chapitres précédents, les indications utiles à ton emploi de cavalier isolé, estafette, éclaireur-patrouilleur; il ne nous reste à te donner que quelques précisions pour le combat à cheval.

Dans la charge en ligne, qui doit être poussée à fond, chausse à fond tes étriers en penchant le corps en avant, et, lorsque tu arriveras au choc, tenant solidement ton arme dans la main, dirige la pointe de ton sabre ou de ta lance contre la poitrine de ton adversaire. Si elle pénètre, relâche aussitôt les doigts si une résistance trop grande t'est opposée, afin de ne pas être précipité en bas de ta monture; ton arme ne te quittera pas pour cela, si tu as eu le soin d'engager, avant le départ, ton bras dans la dragonne ou la lanière.

Mais, aussitôt, ressaisis ton arme et, s'il y a mêlée, cherche un nouvel adversaire avec lequel tu te mesureras avec l'habileté et l'adresse que tu as acquises au cours de ton instruction.

Ne perds pas de vue ton chef, pour te rallier à lui au premier signal.

Dans la charge en fourrageurs contre l'artillerie principalement, sur les batteries ou les échelons de combat, fonce avec vigueur sur les pointeurs ou les cavaliers qu'il importe de mettre hors de combat.

Dans toutes les missions individuelles qui te seront données, notamment au cours des reconnaissances avec un officier et un sous-officier, cavalier, c'est là où ton initiative devra être constamment tenue en éveil. L'utilisation judicieuse du terrain, pour te défiler à la vue de l'ennemi, doit être une de tes principales préoccupations, comme aussi le but de ta mission qui est de voir coûte que coûte pour apporter les renseignements utiles sur l'adversaire que l'on attend de toi : sa force, sa direction.

Agent de liaison, estafette, patrouilleur, tu es au service de l'infanterie un agent qui fait de toi, cavalier, un aide précieux qui doit rendre les plus grands services.

Ce rôle, tu le rempliras avec sagacité, intelligence et dévouement.

Soins à donner au cheval.

Le cheval est ton fidèle compagnon de guerre, cavalier, et tu lui dois des soins attentifs et minutieux.

Avant de le monter, tu lui donneras la ration que tu auras reçue pour lui; tu le feras boire; avant de le seller, donne-lui un bon coup de brosse sur tout le corps, les membres et les crins; cure-lui les pieds et vérifie l'état de la ferrure.

Chaque fois que tu mettras pied à terre, soulage ta monture, en la dessanglant, en desserrant la gourmette et, si tu en as le temps, passe-lui une éponge ou une étoupe mouillée sur les yeux et dans les naseaux. Gâte ton compagnon; une poignée d'herbe, une croûte de pain, sont des gourmandises appréciées par lui et il t'en sera reconnaissant; il te reconnaîtra et se laissera conduire avec beaucoup plus de docilité.

Au cours d'une longue route, chaque fois que tu en auras l'occasion, fais boire ton cheval, mais sobrement, en ayant soin de lui « couper l'eau ».

Au moment des repos, veille à ce qu'il consomme sa ration entière et dans les meilleures conditions possibles.

Ne le brutalise jamais, tu obtiendras bien plus par la patience que par la force, en appliquant le proverbe : « Plus fait douceur que violence. » Parle-lui comme à une personne, approche-le avec douceur, et caresse-le souvent.

Ne te sers de l'éperon qu'exceptionnellement et si réellement tu es dans l'obligation de forcer son obéissance.

Au cantonnement ou au bivouac, procure-lui une litière de fortune, si le ravitaillement ne peut distribuer de paille. Ne l'attache pas trop court, afin qu'il puisse manger facilement et se reposer au besoin.

Si ton cheval est blessé et que tu ne puisses le faire examiner par le vétérinaire, fais des lavages à grande eau pour nettoyer les plaies. S'il a une bosse sur le dos, mets une éponge mouillée que tu feras tenir avec le surfaix, ou, à défaut, une petite plaque de gazon, l'herbe placée du côté de la bosse.

S'il boite, recherche, dans le pied, s'il n'a pas une pierre ou un clou de rue engagé dans le sabot, et délivre-le de l'un ou de l'autre.

Pour un clou de rue, après l'avoir extirpé, urine dans la plaie, avant tout autre remède.

S'il souffre de molettes, fais des massages humides comme on te l'a indiqué, de haut en bas, avec le pouce et les premiers doigts, ou latéralement, par frottement avec la paume de tes mains.

S'il a des coliques, promène-le, après l'avoir couvert, jusqu'à l'arrivée du vétérinaire et empêche-le de se coucher et de se rouler.

Lorsque tu parleras de ta monture, cavalier, rappelle-toi que le cheval a des quartiers de noblesse dans la gent animale et qu'il mérite certains égards. Ne parle pas de sa couleur « jaune » ni « rouge », par exemple, mais dit : « alezan » ou « bai ». Ne dis pas : « les pattes », mais les « jambes de mon cheval »; ne le qualifie pas de « rosse », parce qu'il serait vexé, surtout que le mot est « boche ».

Avant de le seller, secoue la couverture pour qu'aucun corps étranger ne reste dans ses plis et, aidé de ton camarade, place-la sur le dos d'avant en arrière, pour éviter de rebrousser les poils, ce qui pourrait occasionner des blessures du dos ou du garrot, toujours graves.

Place ensuite la selle, toujours avec l'aide de ton camarade, sans à-coups et bien à l'emplacement qu'il convient; sangle légèrement d'abord, tu donneras le dernier coup au moment de monter à cheval.

Mets la bride sans brusquerie; elle devra être toujours bien ajustée pour ne pas blesser ta monture aux yeux, aux commissures des lèvres. La gourmette sera placée bien à plat et sans être trop serrée.

Ton harnachement sera tenu toujours très proprement et en bon état; dès qu'une couture se défait, profite des arrêts ou des stationnements pour le faire remettre en état par le sellier ou, à défaut, fais en attendant une ligature de fortune avec de la ficelle.

Prescriptions spéciales à l'artillerie.

L'artillerie est par-dessus tout l'arme de la puissance. C'est par son feu que son action est déterminante, qu'elle agisse sur l'artillerie adverse et sur les formations ou ouvrages ennemis, ou qu'elle prépare l'action de l'infanterie et la soutienne dans ses mouvements offensifs.

Artilleur, au cours de la présente campagne, tu viens de conquérir déjà les plus beaux titres de gloire, et la reconnaissance sans limite de toute l'armée t'est acquise. Tu poursuivras jusqu'à l'effondrement définitif de l'ennemi ton action destructive, plus que jamais nécessaire dans cette guerre de retranchements, dans cette guerre à tuer, que les « Boches » pratiquent avec la rage et la furie de sauvages et de barbares.

Dans ce chapitre qui t'est consacré, artilleur, nous n'avons pas à redire tout ce qui touche au service général du soldat que nous avons résumé plus haut et qui s'adresse également à toi; nous n'ajouterons que quelques lignes se rapportant exclusivement à ton rôle spécial.

Tu dois devenir rapidement un canonnier servant complet, c'est-à-dire apte à remplir parfaitement aussi bien les fonctions de pourvoyeur, déboucheur et chargeur que celles de tireur et de pointeur qui sont les plus importantes.

Pourvoyeur, tu auras la précaution, lorsque tu ouvriras le couvercle du caisson, de maintenir avec la main la poignée du levier d'espagnolette pendant qu'on fait tourner le verrou. Sans cette précaution, il pourrait arriver que le levier d'espagnolette chassé par la porte, forçant sur les culots des projectiles, vienne te blesser à la figure.

Déboucheur, tu effectueras les mouvements du débouchoir avec la plus grande attention, en suivant scrupuleusement les commandements qui te seront donnés (par exemple correcteur 16, distance 2.500 mètres) et pour le nombre de cartouches qui te sera indiqué. Ne débouche jamais deux cartouches à la fois, et, s'il s'agit d'un tir percutant, rappelle-toi que cette opération ne comporte pas le maniement du débouchoir.

Chargeur, ton aptitude, développée dans les exercices à l'intérieur, te rendra familier ce service que tu dois effectuer avec dextérité et rapidité. Dans le mouvement du *lancer* de la cartouche, la meilleure position à adopter sera celle où le culot de la douille se trouve déjà engagé en entier dans l'échancrure de la vis de culasse, la douille de la cartouche demeurant en dehors de cette échancrure du tiers environ de sa longueur, la ceinture du projectile franchit alors sans choc et sans danger de matage la tranche arrière du tube.

Tireur, tu agis avec le concours du chargeur dans les mouvements de décrocher et d'accrocher le frein des roues, et pour l'ouverture et la fermeture de la culasse et l'introduction de la cartouche. Il est nécessaire qu'il y ait entre ces deux servants une entente parfaite, de la méthode et de la prudence, notamment dans la position des doigts dans le mouvement d'*ouvrir la culasse*. Il faut avoir soin de saisir la poignée de la culasse avec les deux mains, les ongles en dessous, c'est-à-dire la main presque fermée. Cette position doit être rigoureusement observée, car, si les doigts étaient allongés au lieu d'être fermés, ou si l'un d'eux venait à s'appuyer sur le frein, ils pourraient être pris entre le manche et l'extrémité de la glissière. Dans ce cas, la première mesure à prendre pour dégager la main est de déclaveter et de faire reculer le canon sur son frein, et, si le bras du tireur placé au-dessous de la poignée empêchait l'ouverture de la culasse, ne pas hésiter à cisailler le tenon du verrou de clavette pour pouvoir déclaveter. Le tireur chargé de la mise de feu doit prendre bien soin de se retirer en dehors de la roue droite avant d'exécuter le mouvement.

Pointeur, c'est à toi qu'appartient la fonction délicate et méticuleuse de repérer, de diriger, de corriger; opérations dont le but est d'obtenir du tir des résultats appréciables. C'est dire l'importance de ton instruction à ce rôle et de son exécution pratique et utile à la guerre.

Pour cela, d'ailleurs, une grande attention est surtout nécessaire pour répondre ponctuellement aux indications qui te sont données par ton chef de pièce.

Ta science doit être telle que tu puisses, le cas échéant, agir seul et d'après ton initiative propre.

Nous avons indiqué plus haut quelques conseils sur les soins à donner aux chevaux, et sur l'entretien du harnachement; ils s'appliquent aussi à l'artilleur.

Les prescriptions relatives au cantonnement, à l'hygiène, à l'alimentation te sont également applicables, artilleur, et nous n'avons pas d'autres détails à envisager, dans ce petit résumé, en ce qui te concerne spécialement.

Prescriptions spéciales au train des équipages militaires.

Le train des équipages militaires est une arme spéciale dont on peut dire que les services sont multiples et fort appréciables.

Soldat du train, si ton rôle est quelque peu effacé, il a son utilité, et tu as, dans l'exécution de tes fonctions particulières, un mérite égal aux autres soldats en faisant ton devoir, qui comporte d'ailleurs sa grande part de responsabilités et aussi de dangers.

Notamment dans le service du ravitaillement, tu

auras des journées pénibles à passer, lorsqu'il faudra, au prix d'une étape longue et fatigante, parfois par des chemins ravinés et difficiles, amener au jour et à l'heure fixés des ravitaillements importants de vivres et munitions.

Tu trouveras dans les chapitres précédents, toutes les instructions utiles pour ton hygiène, ton alimentation, pour le cantonnement et pour les soins à donner à tes animaux.

Tes voitures seront pour toi, soldat du train, l'objet de vérifications journalières. Tu t'assureras souvent que les freins jouent régulièrement, que les palonniers sont bien assujettis, que la clavette de l'essieu existe et qu'enfin les roues sont convenablement graissées. Tes harnais devront être ajustés convenablement et maintenus en bon état d'entretien.

Pour la conduite de tes chevaux, n'abuse pas du fouet; avec la voix, tu obtiendras souvent plus qu'avec des coups.

Veille au chargement de ta voiture dont tu assumes la responsabilité et, à chaque halte, vérifie l'arrimage des bagages ou des effets ou objets que tu transportes.

Si le convoi dont tu fais partie est attaqué, prends part à sa défense avec courage et fais tout ce qui sera en ton pouvoir pour éviter qu'il ne tombe aux mains de l'ennemi.

Si sa défense est devenue impossible, avant de te replier et de penser à ta sécurité personnelle, détruis ou mets hors de service le plus possible, les denrées, munitions ou le matériel qui compose le chargement de ta voiture.

Tu le vois, soldat du train, tu peux être appelé, toi aussi, à un rôle qui comporte de l'audace, de l'énergie et de la volonté et, par conséquent, de la gloire, comme tes camarades des autres armes.

Ces prescriptions s'appliquent aussi aux fourgonniers et conducteurs de toutes armes.

Prescriptions spéciales au génie.

L'arme spéciale du génie est une arme puissante au premier chef, particulièrement dans cette campagne.

Soldats du génie, sapeurs-mineurs, sapeurs-pontonniers et sapeurs-télégraphistes, vous avez, depuis le début des hostilités, donné en toutes circonstances la mesure de votre valeur professionnelle et aussi du plus grand courage et du plus grand mépris du danger.

L'importance de vos services, dans cette guerre de troglodytes, est considérable pour vous, sapeurs, qui luttez sous terre, creusant des tranchées, ouvrant des galeries, faisant jouer la mine et le camouflet avec un art consommé, et souvent exposés aux méfaits des contre-mines.

Nous n'avons pas à te donner ici de conseils particuliers pour ton dur labeur, sapeur, et tu trouveras au cours de ce petit ouvrage tous les renseignements dont tu peux profiter au même titre que tes camarades des autres armes.

La prudence doit t'être surtout conseillée, afin de ne pas exposer inutilement ton existence que tu dois ménager et ne sacrifier que lorsque la situation le comporte.

Prescriptions spéciales au service de l'aéronautique.

Le service de l'aviation, l'arme de l'air, a un rôle prépondérant :

En outre des reconnaissances qui fournissent des renseignements précieux sur l'ennemi pour le commandement, les escadrilles contribuent à l'efficacité du tir de l'artillerie, dont elles permettent le réglage. De plus, elles ont un effet destructif par les bombardements qu'elles exécutent sur les ouvrages ou les troupes ennemies.

Aviateur, il ne nous appartient pas de te donner ici le moindre conseil; ton rôle, tout de sacrifice, est tellement noble et beau par-dessus tout, et ton métier t'appartient tellement en propre que ce serait te faire injure que d'exposer sous une forme quelconque l'ombre d'une réglementation.

Dans les précédents chapitres, tu trouveras cependant quelques indications qui pourront t'être utiles.

Nous te laissons donc à ta noble mission que tu remplis avec tant d'ardeur, tant de volonté, et avec un héroïsme sans pareil. Aviateur, nous t'admirons sans réserve, et nous nous signons devant tes nombreux exploits.

Prescriptions spéciales aux brancardiers et infirmiers.

Brancardier, tu es l'ami du combattant, qui compte sur toi pour le secourir lorsqu'il est blessé. Tu accomplis une mission dangereuse et par-dessus tout délicate. Des premiers soins que tu es appelé à donner dépend souvent la vie de ton camarade qui vient de tomber, et nous savons que tu n'as jamais failli à ce devoir. Ton dévouement n'a eu d'égale que ta bravoure à accomplir ta mission devant l'ennemi, sous la mitraille et les obus.

Infirmier, que ce soit dans une ambulance ou dans toute autre formation sanitaire, tu as toujours rempli ton devoir avec dévouement et empressement, et la reconnaissance de tous les blessés et malades t'est assurée.

Nous n'avons rien à vous apprendre ni à vous rappeler de vos attributions particulières, mais vous pourrez avoir recours aux quelques indications données dans ce petit résumé pour vous rappeler vos droits comme vos devoirs.

Prescriptions spéciales aux secrétaires d'état-major et aux soldats des sections de commis et ouvriers d'administration, etc.

Les divers services ont aussi leur importance à la guerre, et le service des bureaux a besoin de fonctionner efficacement pour que toutes les formations des armées soient tenues au courant des instructions du commandement, et pourvues de tous les approvisionnements qui leur sont nécessaires.

Ce rôle est en partie rempli par les sections de secrétaires d'état-major et de commis et ouvriers d'administration.

Il n'y a pas de non-valeurs à la guerre, et les secrétaires comme les ouvriers des diverses professions ont une mission indispensable dans les différents services où ils sont affectés.

Secrétaires ou commis, vous avez un service qui peut paraître effacé, mais qui a son importance, et, en accomplissant le travail qui vous est imposé, vous remplissez votre devoir comme votre camarade combattant.

Si le danger est moins grand pour vous, c'est souvent parce que vous avez une santé plus délicate qui empêchait que l'on fasse appel à votre force physique, ou parce que vos aptitudes professionnelles ont besoin d'être exploitées au profit de l'armée.

Pour aller se battre, il faut avoir le ventre garni; des boulangers, des bouchers, des cuisiniers, etc... sont nécessaires.

Mais toutes les prescriptions et instructions concernant la discipline vous intéressent au même titre que vos camarades, et c'est pourquoi vous pourrez puiser dans les précédents chapitres des renseignements pour votre conduite à tenir ou des renseignements qui pourraient vous être utiles.

Divers.

Allocations aux familles des militaires appelés ou rappelés sous les drapeaux.

Les familles des militaires classés comme soutiens de famille perçoivent, sur le vu de leur livret de paiement et pendant toute la durée de la guerre, l'allocation de 1 fr. 25 par jour avec majoration de 0 fr. 50 pour chacun des enfants âgés de moins de 16 ans à la charge du soutien de famille, quelle que soit la classe à laquelle ils appartiennent et quel que soit leur sort.

Les familles des militaires de l'armée active appartenant à des classes antérieures à la classe 1913, qui demanderont à bénéficier des majorations pour enfants à leur charge autres que ceux issus du militaire, adresseront, à cet effet, des demandes spéciales qui seront examinées et sur lesquelles il sera statué comme il est dit plus loin.

Les familles des militaires rappelés sous les drapeaux, qui demandent le bénéfice des mêmes allocations, adressent au maire de leur résidence une demande à cet effet.

Dans chaque canton, il est constitué par le préfet une ou plusieurs commissions de trois membres, chargées de statuer d'urgence sur les demandes d'allocations qui seront transmises par les maires au président de la commission désigné par le préfet.

Les décisions de la commission cantonale sont immédiatement exécutoires, mais sont susceptibles d'appel, tant par le demandeur que par le sous-préfet, devant une commission de cinq membres désignés par le préfet et siégeant au chef-lieu d'arrondissement.

Ces allocations continuent à être dues, en principe, cumulativement avec l'allocation journalière aux familles des militaires non officiers renvoyés dans leurs foyers en attendant la liquidation d'une pension de retraite pour blessures reçues ou infirmités contractées en service, sur la notification de la décision ministérielle sur une proposition de réforme.

Toutefois, à partir du moment où le militaire touche la gratification de réforme ou la pension, la commission cantonale peut être appelée à décider du maintien ou de la suppression de l'allocation de soutien de famille.

L'allocation de soutien de famille cesse d'être allouée aux familles des militaires promus officiers.

Ces indications, soldat, te permettront de faire valoir tes droits, le cas échéant, et te donnent l'assurance que les tiens, pendant ton absence, ont leur vie matérielle assurée. Tu peux donc, l'esprit tranquille, te consacrer tout entier à ton devoir de défenseur de la patrie; la France ne veut pas que les tiens souffrent de la misère.

Cumul de la solde militaire avec les traitements civils.

Les fonctionnaires et employés civils rétribués par l'Etat qui ont satisfait aux obligations de la loi sur le recrutement ou de la loi sur l'inscription maritime, en ce qui concerne le service actif, continuent, dans le cas où ils ont été appelés sous les drapeaux, à jouir, dans les conditions et les proportions indiquées ci-dessous, du traitement civil qui est attribué à leur emploi.

Le total du traitement civil et de la solde militaire ne peut dépasser le chiffre du traitement civil pour les fonctionnaires pourvus, dans l'armée active ou dans l'armée territoriale, soit du grade d'officier, soit d'un grade de sous-officier à solde mensuelle. Si la solde militaire est inférieure au traitement, leur administration civile leur mandate la différence entre le traitement et la solde; si elle est supérieure, il ne leur sera mandaté aucun traitement.

Lorsque les fonctionnaires et employés définis ci-dessus ne sont pas pourvus du grade d'officier ou de celui de sous-officier à solde mensuelle, ils touchent l'intégralité de leur traitement civil.

Ces dispositions ne sont pas applicables aux agents et sous-agents du service de la trésorerie et des postes aux armées, qui demeurent régis par des décrets spéciaux.

En dehors des délégations qu'ils pourront consentir sur leur solde militaire, les fonctionnaires ou employés peuvent donner à quiconque délégation de toucher tout ou partie du traitement civil ou de la quote-part qui leur en revient.

Les salaires servant de base sont, pour les agents, sous-agents et ouvriers, les salaires fixés dont les intéressés jouissaient au moment de la mobilisation, augmentés, le cas échéant, des indemnités pour charges de famille, à l'exclusion de toute autre indemnité ou allocation. Pour ceux rémunérés à la tâche, à l'entreprise ou à la commandite, la base des salaires à payer sera celle du salaire moyen pendant le trimestre précédant la mobilisation, y compris les indemnités pour charge de famille, mais abstraction faite de toute autre allocation ou indemnité.

Les fonctionnaires, agents, sous-agents et ouvriers rémunérés sur les budgets annexes rattachés pour ordre au budget général, jouissent des mêmes droits et des mêmes avantages énumérés ci-dessus (décret du 20 août 1914).

Mariage des militaires par procuration.

En temps de guerre, pour causes graves et sur autorisation du Ministre de la justice et du Ministre de la guerre ou du Ministre de la marine, il peut être procédé à la célébration du mariage des militaires et des marins sans que le futur époux, s'il est présent sous les drapeaux, soit obligé de comparaître en personne, et à la condition qu'il soit représenté par un fondé de procuration spéciale.

La procuration sera établie, aux armées, par les officiers ou fonctionnaires qui ont qualité pour dresser les actes civils aux armées.

Le fondé de pouvoir devra être âgé de 21 ans au moins et du sexe masculin, et n'être ni parent ni allié de la future épouse à un degré portant prohibition du mariage. L'officier de l'état civil appelé à dresser l'acte de mariage, ou le témoin de cet acte, ne pourront non plus être fondés de pouvoir.

APRÈS.

Parti joyeux et sûr de la victoire, tu t'es battu noblement, soldat, tu as fait tout ton devoir, héroïquement. Tu es passé longtemps au travers des balles et des éclats d'obus, puis, un jour, dans une attaque, le sourire aux lèvres, le cri de : « Vive la France ! » à la bouche, tu es tombé pour ne plus te relever...

Tes chefs se sont inclinés pieusement sur ta tombe, parce qu'ils te savaient un héros. Les tiens ont pleuré, mais leur consolation ils la puiseront dans ta mort glorieuse même.

Hélas, si tout est fini pour toi, d'autres restent sur cette terre. Tu avais épouse et enfants que ta disparition désempare, que la douleur abat, que la misère guette.

Sois tranquille. Dors en paix. La France ne veut pas laisser dans la gêne ceux qui pourraient souffrir de ta mort. Tu as donné ta vie pour la patrie, pour maintenir glorieux dans le monde le nom de cette France tant aimée, elle n'oubliera pas les tiens. Pensions et secours existent déjà. Réorganisés bientôt, afin qu'ils soient parfaitement adaptés aux situations nouvelles, ils assureront à ceux que tu laisses non l'aisance, certes, mais la bouchée de pain nécessaire pour la vie de demain...

Toi, après être resté longtemps étendu, tu as vu tes compagnons d'armes venir à ton secours. Tu as été emporté vers le poste de secours, puis évacué sur l'intérieur. Tu as souffert. Peu à peu, les couleurs réapparurent à tes joues, la vie est revenue en toi. Tu es debout à nouveau. Mais il te manque un bras, ou une jambe, ou un œil, ou tu n'es plus qu'un mutilé. Toi non plus tu ne seras pas oublié. Des œuvres se sont créées pour te rééduquer. On t'apprendra, s'il le faut, un nouveau métier pour te mettre à même de gagner ta vie. Mais, dans la crainte que tes forces ne soient pas suffisantes, et pour réparer les pertes que t'imposèrent ton héroïsme, la France te donnera une pension. Pour toi aussi, ce sera là le pain certain.

Partie douloureuse que ce chapitre de notre petit livre. Nous avons cru nécessaire de te donner cependant les renseignements nécessaires sur cette question, soldat !

Tu sais bien qu'il y va de ta vie dans les combats que tu livreras demain. Mais tu en as fait don à la patrie. Nous n'avons donc pas à chercher à te consoler par avance.

Notre souhait serait cependant que les lignes écrites ne te servent pas et que tu puisses revenir, après la victoire, collaborer à la grandeur économique de cette France que tu auras sauvée de la barbarie !

Les pensions.

Les pensions consistent en une somme fixée qui est versée annuellement par l'Etat au militaire ou à ses ayants droit, soit pour récompenser toute une vie de dévouement, soit pour réparer des préjudices résultant d'actes accomplis à l'occasion du service.

Pensions de retraite pour ancienneté de services.

Pour les officiers, le droit à la pension de retraite pour ancienneté de services est acquis à trente ans accomplis de service. Toutefois, pour ceux qui ont servi six années au moins aux colonies, cette durée est réduite à vingt-cinq ans.

Nous ne parlerons pas, ici, de ces pensions qui récompensent les services du temps de paix.

Pensions de retraite pour causes de blessures ou d'infirmités.

Les blessures donnent droit à pension lorsqu'elles sont graves et incurables et qu'elles proviennent d'événements de guerre ou d'accidents éprouvés dans un service commandé. Les infirmités donnent le même droit, lorsqu'elles sont graves et incurables et qu'elles sont reconnues provenir de fatigues ou de dangers du service militaire.

Les blessures ou infirmités provenant des causes ci-dessus visées donnent droit immédiat à pension, si elles ont occasionné la cécité, l'amputation ou la perte absolue de l'un ou de plusieurs membres.

Dans les cas moins graves, elles ne donnent lieu à pension, pour l'officier, que si elles le mettent hors d'état de rester en activité en lui ôtant toute possibilité d'y rentrer ultérieurement; pour le sous-officier, caporal, brigadier et soldat, que si elles le mettent hors d'état de servir et de pourvoir à son existence.

Les tarifs fixent expressément les droits de chacun. Il nous paraît inutile de les donner maintenant, car le Parlement est saisi d'un projet de loi qui les modifie en les améliorant. Ce projet, dont la discussion est imminente, nous paraissant devoir être adopté, il nous paraît préférable de donner succinctement un aperçu des dispositions qu'il prévoit.

Le principe d'allocation des pensions ci-dessus exposé demeure entier. Les tarifs seuls sont modifiés. Pour évaluer la pension, le projet range les infirmités, suivant le degré réel d'invalidité, en 8 classes (allant de 100 p. 100 d'invalidité à 10 p. 100). Le décompte de la pension est effectué en prenant pour base la pension d'ancienneté, majorée ou diminuée suivant le degré d'invalidité.

Nous ne donnerons pas les tarifs, puisqu'ils ne sont pas définitifs. Pour fixer les idées, nous dirons seulement que les pensions prévues varient :

Pour un colonel, de 900 à 7.200 francs;

Pour un commandant, de 600 à 4.700 francs;

Pour un capitaine, de 580 à 4.680 francs (échelon le plus élevé);

Pour un lieutenant, de 460 à 3.960 francs (échelon le plus élevé);

Pour un sous-lieutenant, de 360 à 3.360 francs (échelon le plus élevé);

Pour un adjudant-chef, de 220 à 1.820 francs;

Pour un adjudant, de 200 à 1.690 francs;

Pour un aspirant, de 190 à 1.625 francs;

Pour un sergent-major, de 180 à 1.560 francs;

Pour un sergent, de 160 à 1.430 francs;

Pour un caporal, de 140 à 1.170 francs;

Pour un soldat, de 120 à 975 francs.

Des accroissements sont prévus pour les années

de services en sus de vingt ans (officier) ou de quinze ans (sous-officier).

En outre, les chiffres ci-dessus se majorent :

a) De 225 francs, s'il y a incapacité totale nécessitant l'assistance permanente d'une tierce personne;

b) De 10 à 100 francs (suivant la classe d'invalidité) par enfant légitime (ayant moins de 16 ans).

En outre, si l'infirmité que la guerre occasionne à un militaire n'est pas reconnue incurable, le projet lui accorde cependant une allocation renouvelable établie d'après le tarif ci-dessus examiné. Cette allocation est concédée pour deux années. Elle est renouvelable par périodes biennales, après examen médical. A l'expiration de chaque pension, elle est renouvelée (avec diminution ou augmentation possibles) ou transformée en pension. Après une période biennale, la transformation ou la suppression doivent être prononcées.

Le Parlement votera certainement ces dispositions, qui donnent des droits larges à nos chers blessés.

Les conditions dans lesquelles ces droits devront être exercés leur seront indiquées, avec tous renseignements à l'appui, par les corps auxquels ils appartiennent.

Gratifications de réformes renouvelables et permanentes.

Les gratifications renouvelables sont des allocations que le Ministre de la guerre accorde par mesure gracieuse.

Elles peuvent être accordées dans le cas de blessures reçues ou d'infirmités contractées en service commandé, qui, sans donner droit à la retraite, entraînent une certaine diminution des facultés de travail, et lorsqu'il y a lieu de croire que cette diminution durera au moins deux ans.

Ces gratifications sont divisées en catégories, selon le degré de diminution des facultés de travail.

Elles varient :

Pour l'adjudant, de 168 à 1.690 francs;
Pour le sergent-major, de 150 à 1.560 francs;
Pour le sergent, de 134 à 1.430 francs;
Pour le caporal, de 118 à 1.170 francs;
Pour le soldat, de 100 à 975 francs.

Les hommes encore présents sous les drapeaux doivent être proposés d'office, sans être tenus d'en faire la demande. Ceux rentrés dans leurs foyers adressent leur demande d'admission au Ministre. L'intéressé doit subir une visite devant la commission spéciale de réforme de la subdivision de région où il réside (à moins d'ordre spécial du Ministre).

Les pièces à fournir sont les suivantes :

a) Mémoire de proposition (par le corps);

b) Pièces d'état civil;

c) Etat de services;

d) Certificat d'origine;

e) Certificat et procès-verbal d'examen;

f) Certificat et procès-verbal de vérification.

La jouissance de la gratification court soit du 1er janvier, soit du 1er juillet.

Lorsqu'un titulaire meurt sans avoir touché un semestre de la gratification lui revenant, le Ministre peut en autoriser le paiement au profit de la veuve ou, à défaut, aux parents ayant eu le défunt à leur charge.

La gratification est accordée pour deux années. Elle peut être renouvelée avec majoration ou diminution.

Le titulaire doit donc passer une visite tous les deux ans. Cette visite a lieu au moment des tournées cantonales du conseil de revision (excepté pour les hommes domiciliés dans la Seine ou le chef-lieu de subdivision, qui sont examinés par la commission de réforme).

La gratification est supprimée à compter de la période bisannuelle en cours, lorsque le titulaire est reconnu avoir suffisamment recouvré la faculté de travailler.

Toutefois, les anciens militaires qui ont été rayés de la gratification peuvent demander à être réadmis si leur état d'invalidité première vient à se reproduire.

Emplois réservés.

La réglementation actuelle réserve aux militaires ayant servi au delà de la durée légale du service des emplois spéciaux. Ces emplois sont donc accordés aux militaires ayant de quatre à quinze ans et plus de services. Ils varient d'importance suivant le nombre d'années de service ou suivant les capacités du candidat (s'il a choisi des emplois comportant examen).

Ces emplois, très divers et répartis dans la plupart des administrations, sont classés suivant leur importance.

Nous n'insisterons pas sur ce sujet. Qu'il nous suffise de dire, cependant, que des projets sont déposés pour que les emplois soient réservés non seulement aux vieux militaires, mais encore aux mutilés de la guerre. D'autre part, il est vraisemblable aussi que nombre d'emplois dans les administrations seront désormais en totalité réservés aux militaires, alors qu'ils n'avaient droit qu'à partie. De même, l'Etat interviendra certainement près des grandes administrations privées, près des grandes banques, des grands établissements commerciaux ou industriels, pour leur demander de réserver expressément des emplois à nos mutilés.

En un mot, un effort considérable sera poursuivi pour que nul soldat ne reste dans la misère. Pourvu d'une pension ou d'un emploi s'il ne juge pas utile de porter son activité ailleurs, chacun pourra travailler encore dans la mesure de ses forces à la grandeur de la patrie.

Nous avons examiné ci-dessus les diverses dispositions prises en faveur des militaires.

Nous allons étudier maintenant quels sont les droits de celles ou de ceux qu'ils laisseront derrière eux, si la destinée veut qu'ils meurent glorieusement sur le champ de bataille.

Pensions aux veuves et aux orphelins.

Comme pour les pensions pour blessures ou infirmités, nous nous trouvons ici en face d'un texte déposé au Parlement et qui sera vraisemblablement voté. Nous l'étudierons donc de concert avec les dispositions actuelles.

Ont droit à pension, les veuves des militaires dont la mort a été causée soit par blessures reçues au cours d'événements de guerre ou en service commandé, soit par des maladies contractées ou aggravées par suite des fatigues ou des dangers du service. Il faut que le mariage soit antérieur à l'origine ou à l'aggravation desdites blessures ou maladies.

Le taux actuel des pensions que peuvent obtenir les veuves et orphelins de militaires tués à l'ennemi ou morts de blessures ou de maladies est le suivant:

Tués à l'ennemi ou morts de blessures de guerre.	fr.	Morts de blessures ou de maladies contractées en service commandé.	fr.
Adjudant	975	Adjudant	650
Sergent-major	900	Sergent-major	600
Sergent	825	Sergent	550
Caporal	675	Caporal	450
Soldat	563	Soldat	375

Le projet déposé améliorera certainement ces taux. Il prévoit, en particulier, des majorations annuelles de 100 francs par enfant jusqu'à l'âge de 16 ans.

Procédure à suivre concernant les droits à pension des veuves et orphelins des militaires décédés à la guerre.

A. — Pour permettre l'examen rapide des droits des veuves, ainsi que la liquidation et la concession de leurs pensions, il est indispensable que les intéressées facilitent, dans la mesure où elles pourront, l'exécution de ces opérations en réunissant et en adressant elles-mêmes, au sous-intendant militaire du chef-lieu de leur département, des dossiers aussi complets que possible et constitués d'après les indications énumérées ci-après :

1° Demande de pension adressée au Ministre de la guerre et légalisée par le maire de la commune ou de l'arrondissement si le domicile est à Paris;

2° Acte de naissance de la veuve;

3° Acte de célébration du mariage;

4° Acte de décès du mari.

Ces pièces doivent être dûment légalisées si elles ne sont pas délivrées dans le département de la Seine;

5° L'état de service du mari qui doit être réclamé au dépôt du régiment de celui-ci;

6° Certificat délivré par l'autorité municipale, sur la déclaration de l'intéressée et l'attestation de deux témoins constatant : 1° qu'il n'y a eu entre les époux ni divorce ni séparation de corps; 2° que la veuve jouit de ses droits civils; 3° qu'il n'existe pas d'enfant mineur issu d'un précédent mariage du mari.

En cas de séparation de corps prononcée en faveur de la femme, produire un extrait du jugement;

7° Certificat du genre de mort qui doit être demandé au dépôt du régiment du mari et peut être porté sur l'état des services visé ci-contre (circulaire du 22 octobre 1914).

Toutes les pièces peuvent être établies sur papier non timbré et sans frais.

En ce qui concerne plus particulièrement les veuves évacuées de régions envahies et qui ne peuvent, par suite, produire leur acte de naissance ou leur acte de mariage, les observations suivantes sont à retenir par les intéressées, pour leur permettre de suppléer aux deux actes qui leur manquent;

1° *Acte de naissance.* — A remplacer, s'il est possible, par une attestation signée de quatre habitants majeurs, évacués de la même commune que l'intéressée. Cette pièce devra être légalisée par le maire de la commune où réside actuellement l'intéressée (à Paris, de l'arrondissement.)

A défaut, produire un acte de notoriété, délivré dans les conditions fixées par les articles 70 et suivants du Code civil. Cette seconde solution, en raison des frais qu'elle entraîne, n'est à adopter que s'il est absolument impossible de se procurer l'attestation dont il est question ci-dessus.

L'attestation ou l'acte de notoriété n'est exigée des veuves que si elles ne peuvent produire un acte de mariage, un livret militaire du mari ou un livret de mariage indiquant la date et le lieu de leur naissance;

2° *Acte de mariage.* — A remplacer par tout acte officiel ou authentique établissant l'existence du mariage : livret de mariage, livret militaire ou état des services du mari portant mention du mariage, acte de naissance portant mention du mariage, acte notarié indiquant que telle personne a justifié de son mariage avec le militaire décédé.

B. — Les pièces à produire, pour les orphelins, sont les suivantes :

1° Demande de secours adressée au Ministre de la guerre, par le tuteur ou par l'orphelin émancipé, et légalisée par le maire de la commune ou de l'arrondissement si le domicile est à Paris;

2° Acte de naissance des orphelins;

3° Certificat de vie des orphelins;

4° Acte de célébration du mariage des parents;

5° Acte de décès du père;

6° Acte de décès de la mère;

Ces pièces doivent être dûment légalisées si elles ne sont pas délivrées dans le département de la Seine;

7° Etat des services du père, qui doit être réclamé au dépôt du régiment de celui-ci;

8° Certificat, délivré par l'autorité municipale, constatant qu'il n'existe pas d'autres enfants mineurs du défunt;

9° Extrait de la délibération du conseil de famille réuni pour la nomination du tuteur ou pour l'émancipation de l'orphelin;

10° Certificat du genre de mort, qui doit être demandé au dépôt du régiment du mari et peut être porté sur l'état des services ci-dessus (circulaire du 22 octobre 1914).

Toutes ces pièces peuvent être établies sur papier non timbré et sans frais.

Lorsqu'un militaire décédé dans des circonstances qui ouvrent droit à pension aux ayants droit laisse une veuve et un ou plusieurs enfants du premier lit, il doit être établi deux dossiers : l'un au nom de la veuve, et l'autre au nom des orphelins.

La pension se partage par moitiés égales entre la veuve et les orphelins; au décès ou à la majorité du dernier des orphelins, leur part de pension se réunit à la part de pension dont bénéficie déjà la veuve; en cas de prédécès de la veuve, sa part se réunit à celle des orphelins.

C. — Enfin, il est rappelé aux veuves ainsi qu'aux tuteurs des orphelins des militaires décédés des suites de la guerre, qu'ils ont un intérêt réel à constituer immédiatement leurs dossiers de pension et à les déposer à la sous-intendance militaire du chef-lieu de leur département, sans attendre la fin des hostilités. La constitution et le dépôt du dossier de pension n'empêchent nullement la veuve ou le tuteur de percevoir jusqu'à la fin des hostilités la délégation de solde ou, après option, les allocations de la loi du 5 août 1914. L'accomplissement des formalités du dépôt du dossier a l'avantage de permettre d'accélérer la liquidation et la concession de la pension, en sorte que les intéressés pourront ensuite en toucher les arrérages au moment même où cesseront les délégations de solde ou les allocations.

Secours aux ascendants.

Le projet de loi à l'étude dispose que, s'il n'existe ni veuve ni enfant ayant droit à pension, chacun des ascendants qui, n'ayant pas de ressources suffisantes, était à la charge du décédé, aura droit, s'il est infirme ou âgé de 60 ans, à un secours viager.

Bien que ce droit soit encore bien restreint, il s'agit là d'une véritable pension qui, une fois accordée, ne pourra plus être retirée. Le texte présenté sera peut-être amélioré. Dans tous les cas, il y a là un secours utile pour les vieux parents qui se trouveraient dans la gêne.

Secours aux familles des militaires décédés.

Dès août 1914, le Parlement votait les crédits nécessaires pour permettre l'allocation de secours aux familles de soldats décédés à la suite d'accidents, d'épidémies ou de maladies résultant du service.

Le Ministre statue directement sur les demandes des familles des officiers sans troupe, fonctionnaires et employés militaires. Pour les personnels comptant dans un corps de troupe, les secours sont alloués et payés par le dépôt auquel appartenait le militaire au moment de son décès.

Toutes les demandes (même celles qui doivent être tranchées par le Ministre) doivent être adressées au général commandant la subdivision du domicile de l'ayant droit.

Les demandes sont appuyées, autant que possible, d'une copie de l'avis de décès certifiée par le maire, et obligatoirement d'une des pièces justificatives ci-après :

Pour les veuves, copie de l'extrait de l'acte de mariage;

Pour les orphelins, copie de l'extrait de l'acte de naissance de l'orphelin;

Pour les ascendants, extrait de l'acte de naissance du fils.

Ces demandes font l'objet d'une enquête destinée à mettre en évidence la situation de la famille. Elle est destinée à fournir les éléments d'appréciation nécessaires pour permettre de déterminer l'importance de la somme à allouer.

Les paiements sont effectués par le trésorier du dépôt, si l'intéressé habite à proche distance de la garnison du dépôt, soit, dans le cas contraire, par mandat sur la poste ou par lettre chargée, les frais étant supportés par l'Etat.

Emplois réservés aux veuves ou parents des militaires décédés.

Il n'y a pas, à ce sujet, actuellement, de règle fixe. Mais il semble que, dans tous les milieux, avec humanité et avec justice, on s'efforce de faciliter aux femmes ou parents des militaires décédés les moyens de gagner leur vie. Les grandes administrations entrent de plus en plus dans cette voie, et c'est ainsi que le ministère de la guerre, dont les portes étaient jusqu'ici restées fermées aux femmes, les a largement ouvertes.

Il est à supposer que ces dispositions s'étendront encore, et que les veuves éplorées de nos soldats pourront facilement trouver, après la guerre, dans un gain régulier et rémunérateur, les subsides nécessaires pour elles et pour leurs enfants.

BELLES CITATIONS ET BELLES LETTRES.

Pour compléter ce petit livre, soldat, nous te donnons ci-dessous quelques motifs de citations à l'ordre du jour, quelques parcelles de lettres écrites par tes aînés. Il s'agit d'un tout petit extrait du grand livre d'or où des milliers de héros ont inscrit leur nom pour l'éternité. Nous voulons te fournir des exemples, et c'est pour cela que, nous en tenant aux faits, en raison du tri difficile, nous nous abstenons de donner le nom des braves que ces citations visaient, ainsi que l'indication du régiment auquel ils appartenaient.

Lis tout cela attentivement. Les citations te montreront quel est l'héroïsme continu de ceux dont tu veux suivre la trace. Elles t'indiqueront, parfois, comment on peut se tirer d'affaire dans une mauvaise situation, comment le courage simple et la présence d'esprit permettent d'accomplir les tâches les plus dangereuses. Elles te montreront une fois de plus que le mot « impossible » n'appartient pas au langage militaire, et que le soldat français sait passer au travers des pires difficultés. Elles t'indiqueront, enfin, comment on mérite les récompenses suprêmes, comment on peut gagner la médaille militaire, même la Légion d'honneur.

Lis. Admire. Recueille-toi. Tu vas partir. Tu as fait le sacrifice de ta vie, nous le savons, mais dis-toi bien qu'il ne faut pas la perdre inutilement. Sois héroïque raisonnablement (si on peut accoupler ces deux mots) et, sans te ménager, sache ne point faire de gestes inutiles, mais au contraire rendre efficaces tous tes actes. La France, plus que jamais, a besoin de tous ses enfants, de toute leur volonté, de toute leur ardeur.

Nous ne doutons pas de toi, soldat. Et nous sommes bien sûrs que des lettres comme celles que tu vas lire, tu sauras bientôt les écrire, que des citations comme celles que nous te disons d'admirer, tu sauras rapidement les mériter.

LES BELLES CITATIONS.

N..., soldat au • régiment d'infanterie : apercevant un camarade qui, blessé, avait été obligé d'abandonner sa mitrailleuse, est allé, sous un feu violent, chercher cette pièce qu'il a ramenée en arrière de la ligne.

N..., canonnier au • régiment d'artillerie : grièvement blessé au bras gauche par deux éclats d'obus, a refusé de quitter sa place de conducteur de derrière jusqu'à ce que sa voiture fût en sécurité.

N..., soldat au • régiment d'infanterie : s'est spontanément présenté comme volontaire pour exécuter une action périlleuse. Est resté de 14 h. 30 à minuit sous le feu des Allemands. A pu échapper, à la faveur de la nuit, après maintes péripéties, aux mains de l'ennemi, rapportant des renseignements précieux sur les positions allemandes.

N..., maréchal des logis au • régiment de hussards : le 14 août, a blessé grièvement un officier de uhlans et sabré deux uhlans. Le 25 août, a pénétré au galop dans un village malgré la fusillade ennemie et a rapporté des renseignements.

N..., canonnier au • régiment d'artillerie : étant en observation dans les premières tranchées de l'infanterie dans un bois, est sorti treize fois de l'abri de son propre mouvement pour aller réparer sous un feu violent d'infanterie et d'artillerie la ligne téléphonique coupée par les projectiles.

N..., soldat de 1re classe au régiment de zouaves Niessel : déjà cité au Maroc pour sa belle conduite au feu et a été proposé, le 24 septembre, pour une citation en raison de son courage; le 11 octobre 1914, s'est porté, au lever du jour, et pour la quatrième fois, sur une ferme qu'il savait occupée par l'ennemi. A été grièvement blessé au ventre et au bras gauche, s'est néanmoins traîné jusqu'à nos tranchées où il a donné avec le plus grand calme des renseignements utiles sur les positions occupées par l'ennemi.

N..., cavalier au • régiment de chasseurs à cheval : faisant partie d'une patrouille qui s'est heurtée à des cavaliers allemands pied à terre dans un village, les a chargés bravement. Blessé grièvement d'une balle au genou, a tenu tête pour donner le temps à un camarade, pris sous son cheval tué, de se dégager. A réussi à échapper aux cavaliers allemands et à rejoindre à cheval l'escadron. Est tombé à bout de forces en y arrivant.

N..., médecin auxiliaire au • régiment d'infanterie : a fait preuve le 27 septembre d'un dévouement remarquable en se portant en avant pour relever nos blessés dans une zone battue par un feu violent.

N..., médecin auxiliaire au • régiment d'infanterie : au cours de l'attaque du 22 septembre, a été grièvement blessé de deux balles en pansant des blessés sur la ligne de feu. Avait déjà fait preuve d'une bravoure exceptionnelle, le 20 septembre, en allant, avec un étudiant en médecine, ramener deux blessés, alors que les équipes de brancardiers qu'il commandait étaient obligées de se retirer devant le feu de l'ennemi.

N..., sergent au • régiment d'infanterie : blessé dans une attaque de nuit, est tombé en criant à ses hommes : « Ne vous occupez pas de moi, hardi, les gars ! En avant ! Ne lâchez pas ! »

N..., sergent pilote aviateur : au cours d'une reconnaissance aérienne, le 30 août 1914, a eu son moteur mis hors service par un éclat d'obus; a fait preuve d'habileté et de sang-froid en parvenant à gagner les lignes françaises et de dévouement en dégageant son observateur pris sous l'avion après capotage. Quoique blessé (fracture du métacarpe), a continué à assurer son service de pilote en faisant de nouvelles reconnaissances.

N..., soldat au • régiment d'infanterie : observateur dans une tranchée, a, malgré une blessure, continué son service pendant deux jours et a dû être évacué par ordre

N..., soldat au • régiment d'infanterie : a montré, comme agent de liaison, le plus grand mépris du danger en traversant à plusieurs reprises et sans hésiter un terrain battu par le feu ennemi et déjà couvert de morts et de blessés.

N..., maréchal des logis au • régiment de dragons : le 10 octobre, au cours d'une attaque à pied, a mené une section de territoriaux avec la dernière énergie sous un feu très violent. A été tué. Avait fait preuve, au cours de la campagne, d'une vigueur peu commune.

N..., sergent au • régiment d'infanterie : s'est présenté volontairement pour une mission périlleuse qu'il a remplie avec intelligence et courage, en obtenant les meilleurs résultats.

N..., sergent au • régiment d'infanterie : dans une attaque de nuit, s'est porté seul en avant, sous une grêle de balles, pour reconnaître les positions ennemies sur lesquelles il a ensuite vigoureusement entraîné sa section.

N..., sapeur au • régiment du génie : blessé, est resté à son poste, a réparé la ligne coupée par le feu de l'ennemi et ne s'est laissé panser qu'après s'être assuré qu'il était remplacé dans son service.

N..., brigadier au • régiment de dragons : le 10 octobre, commandant une section d'infanterie et de dragons à pied à l'attaque d'un village, l'a menée avec la plus grande vigueur et est resté le dernier avec son officier sous un feu des plus violents, à 80 mètres de l'ennemi. A assuré avec le plus grand dévouement la retraite de son officier.

N..., brigadier réserviste au • régiment de dragons : le 6 octobre, étant en reconnaissance devant une ferme, s'est porté au secours d'un de ses camarades dont le cheval venait d'être tué, l'a pris en croupe sous les balles ennemies, et a pu l'emmener ainsi en dehors de la zone dangereuse.

N..., cavalier de 1re classe au • régiment de dragons : le 10 octobre, à l'attaque d'un village, a donné le meilleur exemple en soutenant sur la ligne de tirailleurs un feu très violent et en montrant à chacun la direction de l'ennemi. Blessé d'une balle au ventre, a refusé de laisser les autres s'occuper de lui et est rentré dans les lignes, atteint d'une seconde blessure à l'épaule.

N..., cavalier de 2e classe au • régiment de dragons : a été tué, le 10 octobre, à l'attaque à pied d'un village, en entrant le premier dans une maison où était barricadé l'ennemi; avait déjà donné de nombreuses preuves d'audace.

N..., cavalier de 2e classe au • régiment de dragons : le 10 octobre, s'est fait remarquer par son audace pendant une reconnaissance d'un village occupé par l'ennemi. Plus tard, lors de l'attaque du village, a pris la direction d'un groupe de tirailleurs sans chef et l'a mené au feu.

N..., cavalier de 2e classe au • régiment de dragons : a, le 10 octobre, au cours de l'attaque à pied d'un village, ouvert le chemin à une première ligne de tirailleurs en coupant des fils de fer sous un feu violent, avec le plus grand calme; s'est ensuite approché seul des tranchées ennemies jusqu'à portée de voix et en a apostrophé les défenseurs. S'est distingué ensuite par la vigueur de son tir sur la ligne des tirailleurs.

N..., sapeur au • régiment du génie : le 2 octobre, a enlevé et employé son appareil téléphonique sous un feu très violent; est revenu sur la ligne de feu pour prendre un croquis indiquant l'emplacement de nos batteries, faisant preuve ainsi d'initiative, de sang-froid et de grand courage.

N..., sapeur télégraphiste : a, en terrain découvert et sous un feu violent de l'ennemi, réparé complètement, malgré deux blessures successives, une ligne téléphonique importante.

N..., sergent réserviste de la compagnie divisionnaire du génie de la • division de réserve : a été grièvement blessé le 22 octobre en dirigeant un détachement de travailleurs en avant des tranchées. Avant de mourir, et après avoir fait ses dernières recommandations personnelles à un de ses hommes, a chargé ce dernier de présenter ses devoirs à son capitaine et aux officiers de la compagnie, donnant ainsi un suprême exemple de dévouement à ses chefs.

• bataillon, • compagnie du • régiment d'infanterie; • et • compagnies du • régiment d'infanterie : pour la bravoure qu'ils ont manifestée, pendant la période du 9 au 15 octobre, en résistant énergiquement et en gardant leurs positions, malgré un bombardement violent les prenant de front et d'enfilade et les attaques répétées, de jour et de nuit, de l'infanterie allemande.

N..., chasseur de 2• classe, réserviste au groupe cycliste de la • division de cavalerie : blessé le 9 octobre 1914, a refusé d'aller se faire panser et a déclaré vouloir suivre son chef auprès duquel il est resté jusqu'à la fin de l'action.

N..., sergent au • régiment d'infanterie; N..., soldat de 2• classe au • régiment d'infanterie; N..., soldat de 2• classe au • régiment d'infanterie : au contact de l'ennemi, se sont portés en avant pour couper des fils de fer qui gênaient la marche de la compagnie, et ont continué leur travail sous un feu des plus violents jusqu'à ce qu'ils aient été tués.

N..., caporal au • régiment d'infanterie : étant chef de patrouille, a fait abriter ses hommes, puis a continué à avancer seul sous le feu de l'ennemi. Grièvement blessé, a eu assez d'énergie pour venir rendre compte de sa mission. Est mort en disant : « Que voulez-vous, mon lieutenant, il fallait que quelqu'un y aille; je suis content d'avoir fait mon devoir. »

N..., soldat de 2• classe rengagé au • régiment d'infanterie : s'est porté au secours de son lieutenant blessé, le 22 août, au cours d'une charge à la baïonnette, malgré les tirailleurs allemands qui le dépassaient de 400 mètres, et, à la nuit, a porté son chef jusqu'aux lignes françaises.

N..., 2° canonnier conducteur au • régiment d'artillerie : le 5 octobre, est allé sous une pluie d'obus relever un trompette tombé avec son cheval et qui ne pouvait se relever. A couru ensuite au secours d'une pièce dont trois chevaux étaient tués ou blessés, a coupé les traits et ramené avec l'attelage de derrière la voiture qui, sans son intervention, risquait d'être abandonnée.

N... et N..., soldats de 2° classe au • régiment d'infanterie : ayant appris, au moment de la réoccupation d'une tranchée précédemment abandonnée, que le chef d'une section de mitrailleuses avait été laissé blessé, sont allés le chercher, puis ont repris une mitrailleuse et une caisse de cartouches, sur les indications de cet officier.

N..., cavalier de 2° classe au • régiment de dragons : parti comme volontaire, le 10 octobre, dans une reconnaissance de nuit dirigée sur un village occupé par l'ennemi, a tenu à être en pointe et a opéré avec une adresse et une audace au-dessus de tout éloge. Plus tard, à l'attaque du village, s'est distingué par son courage, son sang-froid et un esprit de camaraderie parfait. N'a pas voulu se retirer du feu avant son sous-officier.

N..., cavalier de 2° classe au • régiment de dragons : à l'attaque de nuit d'un village, le 10 octobre, est allé sous le feu chercher des bidons d'essence pour incendier une maison occupée par l'ennemi, puis a rassemblé un groupe de territoriaux sans chef et en a exercé vigoureusement le commandement.

N..., cavalier de 2° classe au • régiment de dragons : le 10 octobre, à l'attaque de nuit d'un village, a pris part au centre du village au siège d'une maison dont il a essayé, sous les balles, d'enfoncer la porte; puis, à la tête d'un groupe de territoriaux, a mené le combat en face d'une autre maison d'où partait un feu très redoutable.

N..., maréchal des logis, adjoint à un chef de bataillon du • régiment d'infanterie : agent de liaison depuis le début de la campagne, montrant en toutes circonstances le plus grand entrain et le mépris du danger; toujours le premier à s'offrir dans toutes les situations les plus périlleuses. A été tué le 26 octobre.

N..., cycliste au • bataillon de chasseurs, affecté au • régiment d'infanterie : agent de liaison, cycliste plein d'entrain et de courage, blessé le 26 octobre en suppléant un camarade qui venait d'être tué sous ses yeux.

N..., cycliste au • bataillon de chasseurs, affecté au • régiment d'infanterie : agent de liaison, cycliste ayant toujours accompli sa mission avec courage sous le feu le plus meurtrier, et à quelque heure que ce soit. Tué le

26 octobre en traversant une zone signalée comme mortelle.

N..., maréchal des logis réserviste au • régiment d'artillerie : agent de liaison entre le poste de commandement du colonel et une batterie d'accompagnement, a fait quatre fois, sous une pluie d'obus, un parcours des plus dangereux sans se laisser intimider par la mort de deux lieutenants du régiment tués devant lui dans le même passage.

N..., soldat vélocipédiste au • régiment d'infanterie : malgré un tir violent de l'artillerie ennemie, est parvenu, en rampant pendant 2 kilomètres, à remettre au destinataire le pli qu'il avait reçu mission de transmettre.

N..., soldat au • régiment d'infanterie : tombé par hasard entre les mains de l'ennemi, s'est évadé et est rentré dans les lignes françaises en poussant devant lui treize Allemands prisonniers.

N..., soldat au • régiment d'infanterie (brancardier) : est allé, sous le feu de l'artillerie ennemie, relever des blessés qu'il a ramenés à l'ambulance dans une voiture, trouvée par lui dans une ferme.

N..., brigadier fourrier réserviste au • régiment de dragons : le 10 octobre, à l'attaque à pied d'un village, étant agent de liaison entre le colonel et les groupes les plus exposés, a rempli très crânement sa mission, s'est retiré le dernier d'une ligne de tirailleurs presque complètement fauchée; puis, au cours d'une retraite très dangereuse, a soigné deux de ses camarades sur l'un desquels il a laissé son propre manteau.

N..., caporal au • régiment d'infanterie : sous un feu violent et en terrain découvert, s'est porté au secours de son lieutenant grièvement blessé, l'a aidé à placer son paquet de pansement et a transmis ensuite les ordres donnés par cet officier.

N..., maréchal des logis au • régiment de dragons : le 10 octobre, au cours d'une attaque, commandant une section d'infanterie et de dragons à pied, a été blessé à la cuisse en menant avec le plus bel entrain l'attaque sur une tranchée qui a été enlevée.

N..., maréchal des logis au • régiment d'artillerie : le 5 octobre, s'est porté seul en avant de nos lignes pour reprendre, sous le feu de l'artillerie ennemie, dix chevaux et divers objets abandonnés. Avait déjà eu, le 22 août, une brillante conduite.

N..., soldat au • régiment d'infanterie : blessé une

fois, le 13 octobre, n'a parlé à personne de sa blessure blessé une seconde fois, le 14, n'a été se faire panse que sur un ordre formel, et a obtenu par son insistanc de ne pas être évacué et de reprendre immédiatemen sa place dans le rang.

N..., caporal au • régiment d'infanterie : envoyé e patrouille, est resté vingt-quatre heures sous le feu d l'infanterie et de l'artillerie ennemies. A assuré le retou dans nos lignes de ses hommes blessés, n'est rentré lu même que sur un ordre formel.

N..., soldat au • régiment d'infanterie : a, au péril d sa vie, et sous un feu violent, dégagé son chef de ba taillon enseveli dans une tranchée par l'explosion d'u obus ennemi.

N..., maréchal des logis, pilote, détaché au • groupe. rattaché à l'armée : au cours des affaires du 23 septem bre au 25 octobre 1915, a fait preuve de beaucoup d hardiesse et de maîtrise en effectuant, loin, au-dessus d l'ennemi, par mauvais temps, à faible altitude, de nom breuses reconnaissances et réglages pour des tirs longue portée. Le 23 septembre, s'est repris à trois fo pour effectuer une reconnaissance à moins de 200 m tres d'altitude. Le 21 octobre, a été attaqué à trois r prises au cours d'un réglage par deux avions ennem munis de mitrailleuses et leur a échappé, grâce à sc sang-froid. Au cours de ces vols, a eu son avion pl sieurs fois atteint par des balles et des éclats de pr jectiles.

Le • régiment d'infanterie : sous les ordres de sc chef, le lieutenant-colonel N..., pendant les journées d 30 et 31 octobre 1915, soumis à un bombardement d'ur violence inouïe par obus de tous calibres qui boulevers entièrement tranchées, boyaux de communication abris, et qui décima ses effectifs; en butte à des attaqu violentes et réitérées, menacé sur son flanc gauche, • régiment d'infanterie, non seulement a maintenu da son intégrité absolue le front confié à sa garde, ma encore, par des contre-attaques remarquables d'entra et de vigueur, a rétabli la situation compromise à gauche et a fait subir à l'ennemi des pertes énormes; • vient d'ajouter une page glorieuse à son historiqu

N..., caporal au • régiment d'infanterie : était, à mobilisation, caporal des sapeurs-pompiers de la ville Tours. Agé de 51 ans et n'ayant pu, malgré de no breuses démarches, contracter un engagement pour durée de la guerre, s'est faufilé, au départ de Tour dans un train amenant le •, avec lequel il fit campagn Après la prise de X..., a contracté, à la mairie de cet ville, un engagement pour la durée de la guerre, et r ssé de donner à tous le plus bel exemple d'entrain, discipline, d'abnégation, de bravoure et de foi patrioue ardente. Vieux soldat, aguerri par de nombreuses mpagnes coloniales, a trouvé, le 8 septembre 1914, une ort glorieuse, la seule qui convenait à un vieux brave, nt elle a fait un héros.

N..., soldat cycliste au • régiment d'infanterie, détaé à l'état-major d'une brigade d'infanterie : engagé lontaire à 17 ans. A fait preuve, depuis son arrivée r le front, d'un ardent patriotisme. Agent de liaison la brigade, a sollicité l'honneur de marcher à l'attaque ns le rang. S'est jeté en avant dès que le drapeau du giment eût franchi les tranchées de première ligne. est joint à sa garde, exaltant le courage de ceux qui archaient à l'attaque avec lui. A été tué sur les posins conquises.

N..., brigadier téléphoniste de la • batterie du • rément d'artillerie : blessé une première fois, le 25 sepmbre 1915, par un projectile ennemi, puis grièvement essé une seconde fois et évacué sur un autre corps, eut d'autre préoccupation, lorsqu'il eût repris ses ns, que d'écrire à son capitaine pour rendre compte sa mission. D'une admirable conscience, déjà cité à ordre du régiment pour actes nombreux de courage. A iccombé aux suites de sa blessure, en se proclamant eureux de mourir après avoir fait tout son devoir.

N..., sergent au • régiment d'infanterie coloniale : au ont depuis le 8 août 1914. Déjà blessé, le 16 novembre 914, et non évacué. A souvent accompli les fonctions observateur et de chef de patrouille. Volontaire pour outes les missions périlleuses. A sans cesse donné exemple du courage et du sang-froid. A l'attaque du 8 septembre 1915, est parti à la tête de sa section après mort du lieutenant; a contribué à l'établissement d'une anchée proche de l'ennemi.

N..., soldat au • régiment d'infanterie coloniale : gent de liaison du médecin-chef, a assuré, sans hésitaon, à travers un tir de barrage continu de l'artillerie nnemie, la transmission des ordres du médecin-chef ux divers échelons du service médical du régiment; a ni par être blessé en deux endroits par des balles de hrapnells, mais a tenu, cependant, à demeurer à son oste et à continuer à assurer la liaison. Beau type de oldat dévoué à ses fonctions.

N..., soldat-mitrailleur au • régiment d'infanterie : ngagé volontaire pour la durée de la guerre. Le 8 sepmbre 1914, a donné un bel exemple de courage et d'abégation. Se sentant mortellement blessé, malgré d'atroes souffrances, n'a pas proféré une plainte, se contentant de répéter à son lieutenant : « Vous direz à mère que je meurs en brave, pour la France, pour patrie. »

N..., caporal au régiment des tirailleurs marocai caporal très énergique qui, dans un moment critiqu su conserver toute sa présence d'esprit. Voyant groupe voisin très menacé par une contre-attaque tielle ennemie, a vivement réuni quelques isolés dégagé ses camarades, leur évitant ainsi d'être faits sonniers.

Le • régiment d'infanterie : régiment alpin qui, s le commandement du lieutenant-colonel N..., a fait tinuellement preuve d'une solidité et d'un dévouen à toute épreuve. S'est dépensé sans compter, soit d les attaques du 9 mai, du 16 juin, du 25 septembr jours suivants pour faire brèche dans les lignes e mies; y a réussi pleinement en s'emparant de plusi tranchées puissamment défendues et en progressant un terrain difficile et minutieusement défendu par l nemi.

N..., soldat au régiment de tirailleurs marocains deux reprises, au combat du 6 octobre, a, par son torité, ramené au combat des groupes d'hommes de sieurs compagnies privées de leurs chefs. Quelques tants après a été grièvement blessé d'un éclat d'obu la cuisse gauche; n'en a pas moins continué à se ba avec acharnement jusqu'au moment où, trop affaibli la perte de sang, il a dû être emmené.

N..., caporal à l'escadrille ..., pilote adroit, plein d lant et de sang-froid. Le 25 septembre, a eu son av gravement atteint au-dessus de l'ennemi, a franchi lignes à faible altitude sous un feu violent ayant att en vue de l'ennemi et soumis à un tir violent d'artille a néanmoins exécuté avec sang-froid une habile répa tion de fortune, a pris son vol sous les shrapnells e ainsi regagné l'aérodrome.

N..., sergent à la compagnie de mitrailleuses du • giment d'infanterie : pris le 22 octobre avec sa sect sous un bombardement intense à obus asphyxiants, fait preuve d'une énergie extraordinaire en restant s cramponné à sa pièce, refusant de la quitter avant d'ê remplacé, bien qu'il fût presque complètement asphyx

La • compagnie du • régiment d'infanterie : t éprouvée par les explosions successives de deux mi allemandes au cours de la nuit du 12 au 13 octobre 1 et ayant été forcée d'évacuer une tranchée, s'est ma tenue sur place malgré un jet violent de grenades e pris la tête des unités de renfort qui arrivaient pour porter à l'assaut de la tranchée qui a été reprise.

N..., sergent à la • compagnie du • régiment d'in- nterie : le 25 septembre, son chef de section étant essé, a pris le commandement de la section qu'il a née à l'assaut avec une rare énergie et un grand cou- ge. A fait, de sa main, un officier allemand prisonnier, ovoquant ainsi la reddition de dix-sept mitrailleurs en- nis.

N..., soldat de 2e classe au • régiment d'infanterie, compagnie: excellent soldat. Ayant eu le bras complè- ent sectionné et la cuisse brisée par des éclats d'obus cours du bombardement du 19 octobre 1915, s'est ntré d'un courage à citer comme exemple, disant : e ne veux pas crier pour que les Boches ne sachent s qu'ils en ont blessé un. » Mort quelques minutes ès.

Comment ils gagnent la médaille militaire.

N..., sergent au • régiment d'infanterie : chargé d'opé- la reconnaissance d'une tranchée ennemie à la tête ne escouade de sa demi-section, s'est acquitté de cette ssion avec intelligence, énergie et une grande bra- ure. Frappé d'une balle qui lui a traversé les deux es en blessant la langue, au moment où il arrivait sur tranchée ennemie, est resté à la tête de sa troupe, l'a raînée en criant : « En avant, les gars, à la baïon- te ! » A délogé les Allemands, a occupé la tranchée et l'a abandonnée que sur l'ordre de son commandant compagnie. Est rentré à la tête de sa troupe en rame- nt ses blessés.

I..., caporal au • régiment du génie : s'est présenté ec un sapeur comme volontaire pour précéder une onne d'assaut dirigée contre un village mis en état de ense. A pénétré dans ce village en démolissant, sous feu, les barricades de l'entrée. Ayant été cerné dans maison, a réussi à se frayer de vive force un chemin travers les lignes allemandes et à rejoindre le com- ndant des troupes d'attaque qu'il a guidé vers les nchées ennemies pour rentrer avec lui dans ce vil- e. Est tombé à ce moment grièvement blessé.

..., sergent au • régiment d'infanterie : s'est signalé toutes circonstances, depuis le début de la campagne, son courage, allant jusqu'à la témérité. Dans la nuit 4 au 5 novembre, a fait preuve d'une remarquable ace en exécutant une reconnaissance périlleuse dans village occupé par l'ennemi. S'est porté crânement s le feu, en avant de sa troupe, pour enlever les ar- s et les papiers d'un fantassin ennemi qui venait d'être et a été grièvement blessé en accomplissant cette sion.

N..., sergent au • régiment d'infanterie : est restı contact avec l'ennemi pendant quatre jours, dans tranchée, dont ses hommes n'ont pu sortir, en raisoı l'intensité du feu de l'ennemi établi à une centaine mètres, et d'où il n'est sorti lui-même que deux fois, a deux hommes, pour aller chercher des vivres. A ı seul, l'initiative d'apporter au commandant de la brig des renseignements précis qui lui ont permis de preı une décision immédiate ayant entraîné la conquête bois sans que cette opération ait coûté un seul hoı tué ou blessé.

N..., sergent réserviste au • bataillon de chasseı placé au poste le plus exposé d'une position entoı par l'ennemi, qui attaque de jour et de nuit, comma sa section avec la plus grande intrépidité, sous une g de balles et des rafales de mitrailleuses. Avec les meilleurs tireurs, n'a cessé pendant trente heures co cutives de faire le coup de feu, et a abattu une soi taine d'ennemis dans les fils de fer.

N..., caporal au • régiment d'infanterie : dans combat de nuit, sous bois, s'est jeté avec furie, baïonnette, sur l'adversaire, entraînant ses hommes son attitude. Atteint de plusieurs blessures, n'a pu su ses hommes, s'est traîné le jour suivant le long ruisseau jusqu'au régiment, qu'il a atteint quinze he après le combat, sous les balles. A montré à son arı auprès de son colonel une belle sérénité et une comı confiance.

N..., sergent réserviste au • régiment d'infanteı chargé la nuit avec une patrouille de reconnaître l sière du parc d'un château, a, de sa propre initia pénétré à l'intérieur de celui-ci et, constatant que tranchées étaient faiblement occupées, y a rapideı entraîné sa section.

N..., brigadier à l'escadron de spahis auxiliaires a riens : le 26 septembre, étant en reconnaissance, trouvé sous le feu de cyclistes ennemis, qui l'ont monté, ainsi que plusieurs de ses cavaliers. Blessé par son sang-froid, réussi à ramener tous ses hom A dirigé, les jours suivants, de nouvelles reconnais ces, au cours desquelles il a fait plusieurs uhlans sonniers.

N..., soldat de 2e classe au • régiment d'infanteı engagé volontaire pour la durée de la guerre à 51 a fait constamment preuve d'un rare dévouement, d plus grande énergie et d'une extrême bravoure. A d un bel exemple de courage en supportant sans se p dre, pendant plus de six heures, dans les tranchées, souffrances causées par une blessure grave qui a cessité, depuis, l'amputation du bras gauche.

N..., cavalier de 2ᵉ classe au ᵉ régiment de dragons : le 13 août 1914, s'est distingué par son courage dans une charge menée par son peloton contre un parti de uhlans ennemis beaucoup plus nombreux et, au cours de la charge, a été renversé et blessé de neuf coups de lance.

N..., soldat de 2ᵉ classe au ᵉ régiment d'infanterie : n'a cessé, comme agent de liaison, de provoquer l'admiration de tous par son calme et son intrépidité au milieu des circonstances les plus périlleuses. Le 20 octobre, rentrant dans sa tranchée, au retour d'une mission, fut salué d'une grêle de balles; s'arrêta, se mit à genou sur la tranchée et riposta balle pour balle. Le 21 octobre, s'étant acquitté d'une nouvelle mission avec la même intrépidité, venait d'être félicité publiquement par son capitaine, lorsqu'il fut blessé de deux balles. Demeura sur place de 7 heures du matin à 7 heures du soir, sans une plainte, comme un exemple vivant de maîtrise de lui-même.

N..., cavalier de 2ᵉ classe au ᵉ régiment de dragons : détaché comme éclaireur auprès de l'infanterie, a fait le 2 novembre un prisonnier d'infanterie allemande; a, de plus, ramené sur son cheval, sous le feu de l'infanterie allemande, un chasseur à pied blessé à la jambe. Ce cavalier a, en outre, fourni de précieux renseignements au chef de troupe qu'il éclairait.

N..., soldat de 2ᵉ classe au ᵉ régiment de zouaves : le 29 octobre, alors que de gros projectiles de 240 allemands venaient de faire effondrer la tranchée, blessant son lieutenant, tuant quatre de ses camarades, en blessant douze autres, n'a pas hésité à se porter rapidement au secours de ceux qui venaient d'être enfouis et a donné par son courage et son sang-froid un bel exemple qui a contribué au maintien du calme dans la tranchée.

N..., brigadier au ᵉ régiment de dragons : ayant reçu l'ordre de porter un renseignement très important dans une région occupée par l'ennemi, a été blessé d'un coup de feu à la jambe et a eu son cheval tué sous lui. A eu le sang-froid de prendre, sous le feu de l'ennemi, les cartouches de son paquetage, est revenu à pied malgré sa blessure, faisant plus de 3 kilomètres à travers les bois, portant à son capitaine le renseignement important.

N..., cavalier au ᵉ régiment de dragons : engagé volontaire à l'âge de 41 ans, pour la durée de la guerre, a donné, au cours des combats des 1ᵉʳ et 2 novembre, un magnifique exemple à ses cadets, de solidité au feu, de sang-froid et de bravoure. Très grièvement blessé d'une balle en pleine poitrine.

N..., soldat de 1re classe, musicien commissionné a • régiment d'infanterie : s'est montré, depuis le débu de la campagne, d'un extrême dévouement pour les bles sés qu'il est allé souvent relever au milieu des plu grands dangers. Fait l'admiration de tous ses camarade par sa belle conduite.

N..., sergent au • régiment de zouaves de marche est allé, avec quelques hommes, et au milieu de la nuit reconnaître les tranchées allemandes. Découvert et rece vant des coups de feu, n'est pas rentré dans nos ligne avant d'avoir repris les plaques d'identité et les objet personnels de plusieurs soldats français tués dans un affaire précédente. A, pendant cette opération, subi un feu violent d'infanterie.

N..., sergent au • régiment territorial d'infanterie, commandant d'un groupe d'éclaireurs volontaires, a dirigé plus de cinquante patrouilles, fournissant d'une façon constante, au milieu des plus grands dangers, les renseignements les plus précieux sur la situation ennemie. Le 6 novembre, grâce à sa connaissance parfaite du terrain, a guidé au milieu d'une brume épaisse les bataillons chargés de l'enlèvement de plusieurs villages et a été pour beaucoup dans le succès de cette opération de surprise qui ne nous a coûté que trois hommes blessés. Sous-officier remarquable par sa crânerie personnelle et l'ascendant qu'il a su conquérir sur ses hommes.

N..., sergent mitrailleur au • régiment d'infanterie blessé de trois balles, a assuré, avec le concours d'un seul homme blessé, le tir de ses mitrailleuses. Ne s'est retiré que tourné et sur le point d'être entouré, après avoir pris la précaution d'emporter la culasse de ses mitrailleuses.

N..., cavalier au • régiment de marche de chasseurs d'Afrique : primitivement versé, en raison de l'ancienneté de sa classe, à un convoi, a été affecté, sur sa demande expresse, à une section de tir de groupe de mitrailleuses. A été grièvement blessé (amputation de la jambe gauche au-dessous du genou) pendant un bombardement au cours duquel il a fait preuve de sang-froid et de courage.

N..., soldat à la • compagnie du • régiment d'infanterie : très bon soldat, courageux. Déjà cité à l'ordre de la brigade. Le 14 juillet 1915, s'est élancé avec courage à l'assaut d'une tranchée ennemie, malgré un feu violent d'infanterie et de mitrailleuses. A été blessé au cours du combat. Amputé de la cuisse droite.

N..., soldat au • régiment d'infanterie : soldat d'un moral bien trempé et d'une bravoure remarquable. Blessé très grièvement le 31 octobre 1915 d'une balle à la tête, alors que pour mieux ajuster son tir, il était monté sur le parapet de la tranchée. A perdu l'œil droit.

N..., chasseur au • bataillon de chasseurs à pied : chasseur intrépide et courageux. A entraîné ses camarades à la défense d'un point menacé de là tranchée au cours d'une attaque ennemie et malgré un feu de barrage par mitrailleuses. A perdu d'œil droit et la jambe gauche.

N..., soldat de 1re classe au • régiment d'infanterie : appartenant au service auxiliaire, s'est engagé pour la durée de la guerre. Employé comme agent de liaison auprès du chef de bataillon pendant l'attaque du 31 octobre 1915, n'a cessé de faire avec la plus grande impassibilité le va-et-vient au passage d'une route balayée par le feu de l'artillerie en vue de faire défiler vivement et avec le moins de pertes possible toutes les compagnies du bataillon. A reçu deux blessures. Déjà cité à l'ordre du corps d'armée.

N..., caporal fourrier au • régiment de tirailleurs de marche : le 23 septembre 1914, a été blessé par un éclat d'obus à la jambe gauche, s'est fait soigner sans rendre compte de sa blessure et est resté dans le rang. Le 30 septembre 1914, étant chef de patrouille, a fait preuve d'audace en s'approchant au contact avec l'ennemi. Accueilli par une salve qui le blessa grièvement aux mains, est venu rendre compte de sa mission avec le plus grand calme. A refusé d'être évacué, puis a continué à assurer son service avec un admirable entrain, réclamant toujours les missions périlleuses.

N..., soldat de 1re classe au • régiment d'infanterie coloniale : le 6 octobre 1915, au cours d'une contre-attaque, a fait preuve de la plus grande bravoure et du plus grand sang-froid en contribuant à repousser cette contre-attaque. S'est ensuite engagé dans un boyau par où l'ennemi venait de fuir, l'a pourchassé à coups de grenades et l'a tenu en respect par les mêmes moyens jusqu'à l'achèvement complet d'un barrage dans ce boyau. Très grièvement blessé le 9 novembre 1915 au cours d'un lancement de grenades.

N..., caporal au • régiment d'infanterie : volontaire pour les missions périlleuses. A maintes reprises est allé poser des défenses accessoires à proximité des travaux ennemis. Chargé de reconnaître l'emplacement de positions ennemies très éloignées de nos lignes, ne s'est retiré qu'après avoir essuyé plusieurs coups de feu. Blessé à la main, a refusé d'être évacué.

N..., caporal au • régiment d'infanterie : agent de liaison d'un entrain excellent, toujours prêt pour les missions périlleuses. Le 29 septembre 1915, malgré la mo du chef de bataillon, a continué d'assurer la liaison entr les unités en prévenant le plus ancien officier et a ra porté le corps de son chef de bataillon sous un feu d plus violents.

N..., caporal brancardier au • bataillon de chasseu à pied : le 25 septembre 1915, parti en avant de la pr mière ligne pour rechercher le corps d'un officier, s'e trouvé avec deux chasseurs brancardiers en présence d trois Allemands qui les ont attaqués avec des grenade N'ont pas hésité, bien que non armés, à se précipiter s les Allemands et, après un corps-à-corps, sont rentr dans nos lignes en les ramenant prisonniers. Blessé l lendemain d'un éclat d'obus. Déjà cité à l'ordre du cor d'armée pour sa belle conduite.

N..., sergent au • bataillon de chasseurs à pied : l 28 septembre, s'est porté brillamment en avant au dépa de l'attaque de nuit. Est tombé presque aussitôt grièv ment blessé. Malgré la souffrance, sa première questio à son capitaine qui passait près de lui fut : « Est-ce qu l'attaque a réussi ? » A succombé à sa blessure une heu après.

N..., caporal au • bataillon de chasseurs à pied très courageux et très dévoué. Volontaire pour tout patrouilles périlleuses. Au cours des combats du 28, e sorti de la tranchée le premier de la compagnie, pui quoique blessé à la main, a entraîné toute sa section a cri de : « En avant ! les chasseurs. » Blessé une secon fois à la cuisse, ne s'est laissé évacuer que lorsque to ses chasseurs blessés furent enlevés.

N..., soldat de 1re classe au • régiment d'infanterie fait la campagne depuis le début. Blessé le 2 septemb 1914 pendant la retraite de la Marne, est revenu au fro dès guérison. Le 25 septembre 1915, à l'attaque des tra chées ennemies, est arrivé des premiers dans les fils d fer qu'il a pu traverser avec quelques camarades. A fra chi la première tranchée allemande, tuant plusieurs All mands à coups de fusil et à coups de grenades.

N..., sergent au • régiment d'infanterie : blessé deu fois, a refusé de se laisser évacuer, est resté penda quatre jours sous le bombardement le plus violent da un petit poste ennemi et a ensuite, par son initiativ détruit avec sept hommes une troupe de quarante All mands, en faisant huit prisonniers.

N..., sergent mitrailleur au • bataillon de chasseur à pied : parti avec la première vague, malgré une ble sure reçue pendant l'assaut, est entré un des premier dans la tranchée ennemie où il a retourné une mitrai leuse allemande contre l'ennemi. Lors d'une contre-attaque, est resté à son poste, répondant au feu jusqu'au dernier moment.

N..., chasseur au • bataillon de chasseurs à pied : le 25 septembre, a sauté l'un des premiers dans la tranchée ennemie où il a tué plusieurs Allemands et fait cinq prisonniers. En l'absence de gradés, a pris le commandement de ses camarades et a organisé la défense de la tranchée.

N..., soldat brancardier au • régiment d'infanterie : soldat d'élite, pendant l'attaque du 25 septembre 1915 s'est porté en avant avec les premières unités, encourageant les hommes de la voix et du geste, prodiguant ses soins aux blessés, aux mourants, sous le feu des mitrailleuses et de l'artillerie, servant de guide aux brancardiers et donnant à tout le régiment l'exemple d'un courage calme et audacieux.

Comment ils gagnent la croix de la Légion d'honneur.

N..., adjudant-chef au • régiment de zouaves : le août 1914, dans une attaque de nuit, a repoussé par trois fois l'ennemi, en lui infligeant des pertes sérieuses (17 cadavres restés sur le terrain). Le septembre, envoyé en reconnaissance, s'est approché avec sa section à très courte distance d'une tranchée ennemie pour se procurer des renseignements. A été grièvement blessé en accomplissant sa mission.

N..., adjudant pilote à l'escadrille ..., • groupe de bombardement... : pilote détaché sur sa demande d'une escadrille actuellement à l'arrière, n'a cessé, depuis son arrivée, de rechercher l'occasion, volant jusqu'à quatre heures trente par jour malgré la rigueur de la température. Au cours de son dernier combat a donné les preuves des plus belles qualités morales en approchant jusqu'à dix mètres l'appareil qu'il poursuivait, essuyant son feu sans répondre jusqu'au dernier moment, a réussi à abattre son adversaire dont l'appareil a pris feu et explosé devant les tranchées françaises.

N..., adjudant-chef au • bataillon de chasseurs à pied : excellent adjudant-chef. A accompli seize années de service, dont quatre années de campagne. Malgré son âge, 48 ans, s'est engagé pour la durée de la guerre et a demandé à être dirigé sur le front. Commande bien sa section, la tient énergiquement sous le feu. Vient d'être blessé très grièvement à son poste de combat en première ligne, au cours d'un violent bombardement. Médaille militaire de septembre 1914.

LES BELLES LETTRES.

LETTRE D'UN TOUT JEUNE CONSCRIT.

A Madame Louise N..., à X...

... 2 août 1914.

Bonne et chère petite tante Lou,

Le régiment part ce soir pour la guerre libératrice. Où, je ne sais pas, mais cela n'a pas d'importance, puisque les Allemands y seront. Hein ! quelle chance que, mes 18 ans révolus, j'aie contracté en avril un engagement volontaire !...

Il ne s'agit pas de cela. Le temps m'est compté et j'ai tous mes bouts de lettres d'adieu à écrire à toi, à maman et à Jean, qui sont en vacances à notre ferme des Chênerets. Il faut que je donne du courage à Jean. Pauvre petit frère, comme il va s'ennuyer ! Il a à peine 15 ans et devra regarder sans se battre.

Ce mot sera bien décousu, tante Lou. Je me suis arrêté pour recevoir, du vaguemestre, une carte de maman. Quand tu lui écriras, dis-lui combien je l'aime, combien je la vénère d'être si bonne et si brave. Ecoute ce qu'elle me dit :

« L'Allemand a voulu la guerre. Chacun doit faire tout son devoir, et plus encore. Sois sûr que Jean et moi penserons sans cesse à toi, mais toi, oublie-nous et ne pense qu'à vaincre.

» Jean t'embrasse de tout son cœur. Je te bénis. Reviens-nous victorieux. »

Et là-dessous, chère petite tante Lou, le prénom de maman prend un aspect extraordinaire. Lorraine ! notre Etoile des Mages; notre espoir; un claquement de drapeau.

Au revoir, petite tante, meilleurs baisers de ton neveu si fier d'en être.

François B... (1).

LETTRE D'UN BLESSÉ.

Mes chers parents,

Vous m'excuserez de ne pas vous avoir écrit plus tôt. Je n'ai pas eu beaucoup de temps. J'ai été les premiers jours dans les tranchées. J'ai fait le coup de feu comme les autres. Un jour, j'ai surpris deux Boches derrière un arbre, en train de manipuler des bombes. Je les ai tués à bout portant. J'ai été blessé par un éclat d'obus. Ce n'était rien et je suis resté ici.

---

(1) Lettre publiée par Paul d'Ivoi, dans le journal *Le Matin.*

Les soldats se portent très bien. Le moral des troupes est excellent.

J'ai des jumelles et un poignard de Boche. Pour m'écrire, vous n'aurez qu'à mettre l'adresse :

Boy-scout ambulancier au • d'infanterie, • corps, 3e compagnie (1).

UN PETIT BOY-SCOUT, QUI N'A PAS 14 ANS, PIERRE X..., ÉCRIT AUX SIENS, ALORS QU'IL EST DÉJA PARTI DEPUIS PLUSIEURS JOURS :

Chers papa, maman et sœurs,

Voici plus de deux mois que la guerre est commencée, et je n'ai encore rien fait pour ceux qui combattent pour nous.

Vous savez que j'ai prêté mon serment d'éclaireur, et que, dans ce serment, j'ai juré de servir fidèlement ma patrie en temps de guerre comme en temps de paix.

Donc, le moment est venu de tenir ce serment. Dans le moment critique où se trouve notre belle France, il n'y a pas trop de gens pour repousser la horde barbare qui veut l'envahir.

Donc, ce matin, grâce à une petite somme que j'ai économisée, je me suis embarqué pour le front, afin d'aider dans la mesure de mes moyens ceux qui combattent.

Est-ce que l'on a institué les éclaireurs de France rien que pour la parade ou l'uniforme ? Eh bien, non !...

Alors, chers parents et chères sœurs, ne pleurez pas mon départ, car c'est pour la patrie que je m'en vais; au contraire, vous n'avez qu'à être fiers d'avoir un fils et un frère sous les drapeaux.

En dessous de mon uniforme, j'ai emporté des vêtements nécessaires pour passer l'hiver.

Je vous réunis tous les quatre pour vous embrasser bien des fois; ayez patience et confiance en la victoire prochaine.

Toi, maman, sois courageuse : fais toujours des cache-nez et des plastrons pour les soldats; et toi, papa, j'espère que tu me pardonneras d'avoir manqué d'aller avec toi pour t'aider; et toi, petite Suzanne, va toujours à l'école pour apprendre la géographie et l'histoire, bientôt elles seront changées. Quant à moi, je ferai mon devoir jusqu'au bout, car j'ai juré de servir fidèlement ma patrie.

Votre fils et frère qui vous embrasse beaucoup,

PIERRE (2).

P.-S. — Voudrez-vous avertir le directeur de mon école que je ne puis venir, et qu'il cède ma place à un autre. J'espère vous écrire bientôt du champ de bataille.

---

(1) *Le Matin.*
(2) *Le Petit Parisien.*

D'UN JEUNE HOMME N'AYANT PAS L'AGE DE S'ENGAGER.

..., 29 novembre 1914.

Mes chers parents,

Depuis longtemps l'idée de partir me hante, j'avais voulu m'engager et vous m'auriez donné votre consentement, malheureusement je suis trop jeune. J'ai cherché maintes fois le moyen de partir sur le front, j'avais d'abord été voir les Anglais, mais ils n'ont pas voulu de moi, parce que je ne parlais pas bien leur langue; et tous les jours, comme pour me donner l'exemple, je voyais sur les journaux les exploits de petits Français qui suivaient les troupes; je me suis occupé de trouver quelqu'un qui voulût m'adopter; après plusieurs échecs, un soldat vient de me prendre avec lui. Pardonnez-moi de ne pas vous avoir prévenus. C'était là la seule chose qui m'ennuyait, j'aurais voulu partir avec votre consentement, mais je sais bien que vous ne me l'auriez pas donné. Je vous recommande bien de ne pas vous faire de bile pour moi. Je ne serai pas malheureux, j'ai des vêtements chauds en quantité. J'espère venir quelques jours pour le premier de l'an et rapporter comme étrennes à mon petit Pierrot un casque à pointe, et à vous une citation à l'ordre du jour.

Je vous écrirai le plus souvent possible. Ne vous effrayez pas, chers parents; combien y en a-t-il de mes petits compatriotes qui sont partis! Depuis longtemps, j'étais prêt. Je ne vivais plus dans mon bureau, assis sur une chaise, pendant que, là-bas, mes aînés se battaient. J'aime cette vie d'imprévu et d'aventures, et je suis persuadé revenir en bonne santé, après avoir planté triomphalement nos trois couleurs dans cette maudite Allemagne.

Je pars content, mes chers parents, car je sais bien que vous ne m'en voudrez pas, vous les bons patriotes qui m'avez élevé dans l'amour de la France. Je suis entraîné depuis longtemps à toutes les fatigues et au froid, je serai bien couvert, et là-bas, derrière nos canons, je ne souffrirai pas trop des intempéries. Je reviendrai bientôt vous embrasser tous et je serai fier d'avoir fait la campagne, d'avoir rempli mon rôle d'éclaireur, d'avoir défendu ma patrie, d'avoir délivré des griffes allemandes mon petit Pierrot chéri.

Maintenant, chers parents, je vous demanderais de vouloir bien me dire dans une lettre que vous me pardonnez de vous avoir quittés ainsi. Sitôt arrivé je vous écrirai et vous donnerai mon adresse.

Je vous embrasse des millions de fois ainsi que mes frères et ma petite sœur.

Je suis sûr que vous me pardonnerez et je pars content. Au revoir et à bientôt.

Votre fils qui vous aime,

Lucien R... (1).

LETTRE D'UN MATELOT.

Chers parents,

Lisez cette lettre en riant, car moi j'ai presque le fou rire maintenant. Que devez-vous penser en ce moment, car vous avez dû apprendre par les journaux au moins la triste nouvelle? Le 28 octobre au matin, vers 7 heures, sera la date la plus mémorable de ma vie; je vous assure que je l'ai échappé belle.

Nous avions appareillé le dimanche, à 9 heures, pour faire notre petite croisière habituelle. Le mercredi matin nous rallions Pinang pour nous ravitailler lorsque, tout à coup, en débouchant de la pointe pour rentrer en rade, on aperçoit le long de la rade, à demi caché, un croiseur à quatre tuyaux. On n'y fait pas attention, et même le commandant fait augmenter la vitesse pour aller l'arraisonner. On fait hisser le pavillon afin qu'il mette le sien, et le commandant me dit :

— C'est un anglais.

Je regarde; que vois-je? Un pavillon allemand! Et sa première cheminée était en toile, il s'était maquillé. Presque aussitôt une décharge de cinq ou six coups de canon sur notre avant, puis un silence de peut-être dix secondes. Le commandant m'envoie à l'arrière chercher le pavillon de combat et me dit de faire mettre aux postes de combat. Je crie partout en m'en allant sur l'arrière, mais au moment où je descendais l'échelle de la passerelle, la canonnade recommence; le lieutenant, qui montait sur la passerelle et qui a passé à me toucher, est coupé en deux.

Arrivé par le travers de la cheminée de l'arrière, je suis fauché à mon tour, je regarde mon pantalon plein de trous et ma jambe droite pleine de sang; je perds connaissance, mais ce ne fut pas long, car je me suis réveillé immédiatement, et j'entends un bruit d'eau, et (sauve qui peut, le bateau coule!) j'essaie de me soulever, pas moyen, alors j'ai vu que j'allais être entraîné par le remous. Mes pauvres parents, je vous ai dit adieu, ainsi qu'à mon pauvre Georges. Mais je réagis, je m'assois, je regarde devant, nous avions au moins 45° d'inclinaison, nous coulions par l'avant. L'eau arrive à moi, je coule un peu, et je ne sais par quel phénomène me voilà à la surface, et je nage comme si de rien n'était,

(1) *L'Information.*

je ne sentais plus ma jambe. Le commandant était à côté de moi, il était blessé à la tête et il allait couler, je l'attrape par la barbe et le soulage comme je peux; mais il ne voulait rien entendre, il se débattait. Enfin, je finis par trouver un bout de planche, je me suis mis à cheval dessus et j'ai attendu. Alors l'*Emden* a mis deux embarcations à la mer et a recueilli les blessés; là, j'ai perdu connaissance (1).

LETTRE D'UN JEUNE CAPORAL.

Mes chers parents, ma chère petite sœur,

Nous voilà partis en guerre. Reviendra-t-on, ou ne reviendra-t-on pas? En tout cas, si je meurs, j'écris avant de partir les derniers mots, qui seuls vous donneront du courage.

Songez que nous sommes tous ensemble, les camarades avec lesquels nous avons fait notre service, et que le seul désir de tous est de marcher en avant; l'espoir de vaincre, l'espoir d'être un peuple libre nous poussent tous d'un élan patriotique, qui sûrement nous fera arracher la victoire; mais, pour cela, il faut faire des sacrifices, et ce sacrifice est celui de notre vie.

Malgré votre douleur, vous serez heureux d'apprendre que votre fils a marché la tête haute et a fait son devoir jusqu'au bout...

Si vous ne me revoyez pas, allez, si possible, chercher mes photographies; elles sont restées dans ma boîte individuelle, qui est à la caserne Amey, au magasin de la 11e compagnie, ou bien dans la chambre 18...

Mes dernières recommandations sont faites : pensez à moi, je pense toujours à vous, et songez que j'ai toujours été un bon fils, et que je serai un bon soldat.

Adieu, mes chers parents et ma chère Lucienne : ce sont les dernières pensées que j'aurai, quand une balle m'aura touché mortellement.

Votre fils chéri qui vous embrasse bien fort !...

A. M... (2),

caporal au e d'infanterie.

EXTRAIT D'UNE LETTRE QUI CONSEILLE LA PROPRETÉ.

... Jusqu'ici, la veine m'a souri et ni les balles ni les obus ne veulent m'atteindre. L'autre jour, nous étions dans un village qui n'était que sous le feu de l'artillerie ennemie. Rien à craindre des balles. Les camarades étaient dans les tranchées, moi près du commandant, de-

(1) *Le Temps.*
(2) *Le Matin.*

vant une ferme. Comme il y avait du soleil et que nous ne devions pas marcher le jour, j'avais profité du repos pour me laver et laver mon linge. Vous allez voir combien il est utile d'être propre. Après avoir lavé ma flanelle, je me disposais à la faire sécher et pour cela la tenais tendue par les deux mains pour la poser sur le guidon de ma bécane. Tout à coup ma flanelle, bien tendue par le haut, se roule comme une corde; je me demande ce qu'il m'est arrivé.

C'était tout simplement un éclat d'obus, qui venait peut-être de 150 mètres et qui avait été arrêté par ma flanelle, s'y était empêtré, et, par sa force, avait fait se tordre ma flanelle; comme dégât, je n'ai eu qu'un beau trou bien brûlé au milieu de cette flanelle, ce qui, au fond, valait mieux que le trou que j'aurais eu inévitablement au ventre si je n'avais pas eu devant lui ma flanelle. Vous voyez bien que j'ai de la veine...

Gros baisers et espérons nous revoir bientôt vainqueurs (1)...

EXTRAIT DE LA LETTRE D'UN BLESSÉ QUI A REÇU CINQ BLESSURES.

Aujourd'hui le médecin m'a encore sorti un morceau de capote ou de pantalon; je ne sais quand cela finira. Tout le monde me blague, on m'appelle les « Nouvelles Galeries » ou la « Samaritaine », à cause du magasin que j'avais dans la cuisse, et le médecin m'a dit qu'il allait me faire poursuivre pour détournement d'effets militaires. On me fait toujours des pansements d'alcool à 90°; je suis toujours au lit, mais j'espère, dans quelques jours, pouvoir me lever.

X... (2).

UN TÉNOR D'OPÉRETTE ÉCRIT D'UNE TRANCHÉE :

Hier, j'étais parti avec cinq hommes, des costauds, pour aller, dans un petit village abandonné, chercher des tuiles pour recouvrir une cabane. C'est moi qui dois m'occuper de l'installation, et j'ai pensé que des tuiles, par-dessus une couche de rondins d'arbres recouverts de terre, nous feraient une couverture excellente. Quand je vous aurai dit, en passant, que notre cabane est creusée de 1m,50 en terre sur 7m,50 de long et 2 mètres de large, vous saurez comment sont faites nos tranchées. Nous partons au petit jour; jusqu'au village tout va bien. Nous trouvons des tuiles difficilement, car il est complètement en ruines, incendié et bombardé. Mais pour revenir, il fait grand jour, nous nous défilons le mieux possible, quand tout à coup, au moment où nous abordons une crête, paf ! une balle siffle au-dessus de ma tête. A ge-

(1) *La Liberté.*
(2) *Le Matin.*

noux ! pif ! une autre balle ! A plat ventre... celle-là frôle ma joue droite. Me voici donc à plat ventre, en plein champ, et tenant dans une main un tuyau de poêle et une poêle à marrons. Je crie à mes hommes, qui sont également à plat ventre en arrière de moi, échelonnés de 25 mètres en 25 mètres, de lâcher leur sac de tuiles, et d'avancer par bonds jusqu'à un petit ravin, où nous serons hors de vue. Un se décide. A peine debout, paf ! une troisième balle. Manqué !... 30 mètres de course et plat ventre, deuxième homme se dresse, pif ! quatrième balle. Raté !... 25 mètres de course plat ventre. Les trois autres hommes se dressent, pif ! paf ! à côté. Course de 50 mètres jusqu'au ravin, et enfin je me relève et gagne le ravin en vitesse, toujours avec mon tuyau et ma poêle à marrons, dont j'avais emmanché la queue dans le tuyau. Pif ! Paf ! Pouf ! trois balles encore me saluent et passent bien près, mais sans me toucher, et j'arrive au ravin où mes hommes rigolent en me voyant avec mes ustensiles. Nous fumons une pipe bien gagnée, et nous rentrons dans nos tranchées, où les officiers nous interrogent sur la direction des coups de fusil.

Cette escapade nous a rendu un grand service, car pendant que mes hommes exécutaient les bonds que je leur avais prescrits, je regardais en avant, et j'ai pu repérer exactement un petit poste ennemi. On va leur servir quelque chose !...

X... (1).

DEUX LETTRES D'ENFANTS.

La petite Georgette met toute son âme d'enfant dans une lettre qu'elle envoie aux soldats :

Messieurs de l'armée française
Sur le front (surtout ne pas le porté aux Allemands.)

Mes chers soldats,

Vous combattez pour nous, vous souffrez pour nous, vous êtes tués pour nous, je ne suis qu'une petite fille de 7 ans, je vous aime beaucoup, je vous remercie d'être si brave, ma maman est infirmière. Si vous êtes blessé, vous serez bien soigné. Au lycée, je donne un sou la semaine pour vous, je vous souhaite d'être vainqueur à Noël, je vous embrasse. Les ronds c'est des baisers.

GEORGETTE (2).

---

(1) *La Liberté.*
(2) *Le Cri de Paris.*

Et deux gosses de France, qui ne peuvent rien donner, font le sacrifice de ce qui est le plus cher à des enfants de cet âge : leurs jouets :

Monsieur,

Vous ne savez pas ce qu'il faut que tous les petits enfants de France fassent : il faut qu'ils disent bien fort qu'ils ne veulent pas d'étrennes, et que tout l'argent des bonbons et des joujoux qu'on leur donne au premier de l'An, ils l'abandonnent pour les soldats.

Puisque nous sommes trop petits pour nous battre, nous pourrons au moins faire, comme nos grands frères, quelque chose pour la France, en donnant nos étrennes. Je vous écris cela, Monsieur, car peut-être des enfants ne le feraient pas, parce qu'ils ne penseraient pas. Mettez-le dans votre journal, vous qui savez bien écrire.

Je ne vous dis pas mon nom. Je suis un petit Français dont le papa se bat depuis quatre mois, et qui, avec ses sept frères et sœurs, a donné toute sa tirelire aux soldats.

Coco... (1).

Discours prononcé par le Président de la République aux armées, en 1914, lors de son voyage à l'occasion de la remise de la médaille militaire au général Joffre.

Le Président de la République, le président du Sénat, le président de la Chambre des députés, le président du Conseil et le Ministre de la guerre sont partis ensemble de Paris, jeudi matin 26 novembre, en automobile, pour aller rendre visite aux armées. Ils se sont d'abord arrêtés au grand quartier général.

Le Président de la République a remis la médaille militaire au général Joffre.

M. Poincaré a prononcé, à cette occasion, le discours suivant :

Mon cher Général,

Il m'est très agréable de vous remettre aujourd'hui, en présence de MM. les présidents des Chambres, de M. le président du Conseil et de M. le Ministre de la guerre, cette simple et glorieuse médaille qui est l'emblème des plus hautes vertus militaires et que portent avec la même fierté généraux illustres et modestes soldats.

(1) *Les Lettres héroïques.*

Veuillez voir dans cette distinction symbolique un témoignage de la reconnaissance nationale.

Depuis le jour où s'est si remarquablement réalisée, sous votre direction, la concentration des forces françaises, vous avez montré, dans la conduite de nos armées, des qualités qui ne se sont pas un instant démenties : un esprit d'organisation, d'ordre et de méthode, dont les bienfaisants effets se sont étendus de la stratégie à la tactique, une sagesse froide et avisée, qui sait toujours parer à l'imprévu, une force d'âme que rien n'ébranle, une sérénité dont l'exemple salutaire répand partout la confiance et l'espoir.

Je répondrai, j'en suis sûr, à vos désirs intimes en ne séparant pas de vous, dans mes félicitations, vos fidèles collaborateurs du grand quartier général, appelés à préparer, sous votre commandement suprême, les opérations de chaque jour et absorbés, comme vous, dans leur tâche sacrée. Mais, par delà les officiers et les hommes qui m'entourent en ce moment, ma pensée va rejoindre sur toute la ligne de front, des Vosges à la mer du Nord, les admirables troupes auxquelles je dois rendre, demain et les jours suivants, une nouvelle visite, et je traduirai certainement, mon cher Général, votre propre sentiment, si je reporte sur l'ensemble des armées une part de l'honneur que vous avez mérité.

Dans les rudes semaines que vous venez de passer, vous avez consolidé et prolongé, par la défense des Flandres, la brillante victoire de la Marne; et, grâce à l'heureuse impulsion que vous avez su donner autour de vous, tout a conspiré à vous assurer de nouveaux succès : une parfaite unité de vues dans le commandement, une solidarité active entre les armées alliées, un judicieux emploi des formations, une coordination rationnelle des différentes armes; mais, ce qui a plus particulièrement servi vos nobles desseins, c'est cette incomparable énergie morale qui se dégage de l'âme française et qui met en mouvement tous les ressorts de l'armée.

Irrésistible force d'idéal qui, depuis le début de la campagne, a permis à nos troupes de développer leurs qualités acquises et d'en gagner de nouvelles, de s'adapter à la pratique de l'organisation défensive sans perdre leur mordant, de résister également à la fatigue des combats ininterrompus et à la courbature des longues immobilités, de se perfectionner, en un mot, sous le feu de l'ennemi, tout en conservant, au milieu des mille nouveautés de la guerre, leur entrain, leur fougue et leur bravoure.

Le jour où il deviendra possible de passer en revue quelques-uns des actes de dévouement et de courage qui s'accomplissent quotidiennement parmi vous, il sera démontré par les faits que jamais, au cours des siècles, la France n'a eu une armée plus belle et plus consciente de ses devoirs. Cette armée, d'ailleurs, ne se confond-elle pas avec la France elle-même? Et n'est-ce pas la France, la France tout entière, sans acception de partis ou de conditions sociales, qui s'est levée, à l'appel du gouvernement de la République, pour repousser une agression perfidement préméditée? Tous les citoyens groupés sous les drapeaux, n'ont plus qu'un cœur et qu'un esprit; et les vies individuelles sont prêtes à s'anéantir devant l'intérêt général. Dans ce sublime élan d'un peuple libre, les représentants du pays n'ont pas été les moins jaloux de payer leur dette à la patrie; et les présidents qui sont venus offrir aujourd'hui à l'armée les vœux des deux assemblées souffriront que je me joigne à eux pour envoyer d'ici un souvenir ému aux membres du Parlement tombés, morts ou blessés, sur les champs de bataille..

Les deuils et les horreurs de cette guerre sanglante n'attiédiront pas l'enthousiasme des troupes; les pertes douloureuses que subit la nation ne troubleront pas sa constance et ne feront pas chanceler sa volonté. La France a épuisé tous les moyens pour épargner à l'humanité une catastrophe sans précédent; elle sait que, pour en éviter le retour, elle doit, d'accord avec ses alliés, en abolir définitivement les causes; elle sait que les générations actuelles portent en elles, avec le legs du passé, la responsabilité de l'avenir; elle sait qu'un peuple ne tient pas tout entier dans une minute, si tragique soit-elle, de son existence collective, et que, sous peine de désavouer toute notre histoire, nous n'avons pas le droit de répudier notre mission séculaire de civilisation et de liberté.

Une victoire indécise et une paix précaire exposeraient demain le génie français à de nouvelles insultes de cette barbarie raffinée qui prend le masque de la science pour mieux assouvir ses instincts dominateurs. La France poursuivra jusqu'au bout, par l'inviolable union de tous ses enfants, et avec le persévérant concours de ses alliés, l'œuvre de libération européenne qui est commencée, et lorsqu'elle l'aura couronnée, elle trouvera, sous les auspices de ses morts, une vie plus intense dans la gloire, la concorde et la sécurité.

TABLE DES MATIÈRES

Pages.

INTRODUCTION. 5

AVANT.

Quelques lignes rétrospectives. 9
Pourquoi te bas-tu, soldat de France? 10
Comment faire son devoir de Français? 12
Engagements volontaires. 14
Durée du service militaire 14
Engagements volontaires (loi du 21 mars 1905, modifiée par la loi du 7 août 1913) 15
Comment s'engage-t-on? 17
Engagements volontaires pour la durée de la guerre. 19
Engagements spéciaux pour la durée de la guerre. 21
Statuts des engagés spéciaux 22
Emplois des engagés spéciaux 23
Tableau indiquant la taille et le poids pour les engagés. 24
Rôle des femmes dans le service des hôpitaux de l'intérieur. 25
Infirmières dans les hôpitaux militaires 25
Sociétés d'assistance aux blessés 26
Assistance aux convalescents 28

PENDANT.

Pour devenir un bon soldat 31
Instruction militaire. 33
Organisation de l'armée 34
Formations et différentes armes 34
Services. 36
Service intérieur. 38
Tenue. 38
Port des cheveux et de la barbe 38
Marques extérieures de respect 38
Formes du salut 38
Appellations. 40
Manière de se présenter à un supérieur 40
Correspondance militaire. 41
Permissions et récompenses. — Punitions 41

Pages.

Comment gagne-t-on l'épaulette? ... 42
Service de place ... 43
Militaires en congé ou en permission ... 44
Les facteurs du succès ... 45
Définitions élémentaires ... 45
Définitions du service en campagne ... 47
Indices ... 49
Orientation et reconnaissance du terrain ... 51
Terrain. — Définitions ... 53
Reconnaissances du terrain ... 57
Cantonnement ... 58
Hygiène du soldat en campagne ... 59
Recommandations spéciales pour l'hiver ... 61
Troupes campées ou bivouaquées ... 61
Recommandations spéciales pour les marches pendant la chaleur ... 62
Troupes cantonnées ... 62
Etablissement des feuillées ... 63
Il faut éviter les indiscrétions ... 63
Aux tranchées ... 64
Propriété et rôle de l'infanterie ... 66
Dans l'offensive ... 67
Dans la défensive ... 68
Service de l'éclaireur ... 69
Service du patrouilleur ... 70
Service des sentinelles et des vedettes ... 71
Transmission des ordres ... 73
Si tu es blessé ... 74
Entretien des effets et des armes ... 75
Alimentation ... 77
Prescriptions spéciales à la cavalerie ... 77
Soins à donner au cheval ... 79
Prescriptions spéciales à l'artillerie ... 81
— — au train des équipages ... 83
— — au génie ... 84
— — au service de l'aéronautique ... 85
— — aux brancardiers et infirmiers ... 86
— — aux secrétaires d'état-major et aux C. O. A. 86
Allocations aux familles de militaires appelés ou rappelés sous les drapeaux ... 87
Cumul de solde avec les traitements civils ... 88
Mariage des militaires par procuration ... 89

APRÈS.

Les pensions ... 92
Pensions pour ancienneté de services ... 92
— pour causes de blessures ou d'infirmités ... 92
Gratifications de réforme renouvelables et permanentes ... 94
Emplois réservés ... 95

Pages.

Pensions aux veuves et orphelins.................. 96
Procédure et pièces à fournir..................... 97
Secours aux ascendants. 100
Secours aux familles des militaires décédés........ 100
Emplois réservés aux veuves....................... 101

BELLES CITATIONS ET BELLES LETTRES.

Les belles citations.............................. 104
Comment ils gagnent la médaille militaire...... 113
Comment ils gagnent la croix de la Légion d'honneur. 119
Les belles lettres. 120
Lettre d'un tout jeune conscrit............. 120
Lettre d'un blessé.................................. 120
Lettre d'un petit boy-scout..................... 121
Lettre d'un jeune homme n'ayant pas l'âge de s'engager. 122
Lettre d'un matelot................................ 123
Lettre d'un jeune caporal........................ 124
Extrait d'une lettre d'un soldat conseillant la propreté. 124
Extrait de la lettre d'un blessé qui a reçu cinq blessures. 125
Lettre d'un ténor d'opérette écrivant d'une tranchée. 125
Deux lettres d'enfants. 126
Discours du Président de la République à l'occasion de la remise de la médaille militaire au général Joffre. 127

Paris et Limoges. — Imp. et Librairie militaires CHARLES-LAVAUZELLE.

www.ingramcontent.com/pod-product-compliance
Ingram Content Group UK Ltd.
Pitfield, Milton Keynes, MK11 3LW, UK
UKHW020343230726
13925UKWH00003B/937